湖北水事研究中心
湖北经济学院　中南财经政法大学共建
湖北省人文社科重点研究基地

2014 Annual Report of
Hubei Water Resources
Sustainable Development

湖北水资源可持续发展报告 (2014)

主　编　吕忠梅
副主编　高利红　邱　秋

北京大学出版社
PEKING UNIVERSITY PRESS

图书在版编目(CIP)数据

湖北水资源可持续发展报告.2014/吕忠梅主编. —北京:北京大学出版社，2015.4
ISBN 978-7-301-25631-2

Ⅰ.①湖…　Ⅱ.①吕…　Ⅲ.①水资源利用—可持续性发展—研究报告—湖北省—2014
Ⅳ.①TV213.9

中国版本图书馆 CIP 数据核字(2015)第 059385 号

书　　　　名	湖北水资源可持续发展报告（2014）
著作责任者	吕忠梅　主编
责 任 编 辑	罗　玲
标 准 书 号	ISBN 978-7-301-25631-2
出 版 发 行	北京大学出版社
地　　　　址	北京市海淀区成府路 205 号　100871
网　　　　址	http://www.pup.cn
电 子 信 箱	law@pup.pku.edu.cn
新 浪 微 博	@北京大学出版社　@北大出版社法律图书
电　　　　话	邮购部 62752015　发行部 62750672　编辑部 62752027
印 刷 者	北京富生印刷厂
经 销 者	新华书店

787 毫米×1092 毫米　16 开本　13.5 印张　301 千字
2015 年 4 月第 1 版　2015 年 4 月第 1 次印刷

定　　　　价　36.00 元

不能被遗忘的地下水(代序)

2014 年,关于"水"的话题很多。

2014 年 4 月 10 日至 5 月 9 日的一个月内,兰州、武汉、靖江三座城市因安全饮水问题牵动了公众的神经。要么因水资源极度匮乏,要么因水资源严重污染,人民生活和工农业生产"叫渴不迭"。

2014 年 12 月,南水北调中线工程成功通水,作为水源地的湖北人民,为保"一库清水送北京"作出了巨大牺牲,期待良好的生态补偿机制!

也是在 12 月,中央电视台将镜头对准了"抗生素河"。我们看到,奔向大海的滚滚洪流中,裹挟着不少抗生素"浪花",不敢想象:身居上游的我们,喝了多少抗生素水,又排放了多少抗生素!

2014 年,新华社进行了"聚焦水安全"的专题大调查,记者在给我的采访提纲中,有一个问题是:"有人认为范围不断扩大的雾霾是'心肺之患',那么,日益严重的水污染是什么?"

我的回答是:"心腹之患。"从对健康的影响看,水污染对人体的危害更大,受污染的水一旦被饮用,会直接进入人体循环系统,可能产生潜在的与长期的危害;同时,水作为绝大多数食品生产的基本原材料,还可以通过其他食品对人体产生危害。水体污染我们只能躲避一时,但最终仍需要利用自然水源为我们提供生活用水,应该说,随着我国大量饮用水源地水质的下降,当前的水污染状况已经开始对百姓的生命健康造成威胁,是真正的"心腹之患"。

2014 年 11 月 18 日至 19 日,新华社连续推出"特别关注·聚焦水安全"七篇报道。其中,我与记者的这段对话是其中的一篇:"越研究越令人畏惧——一位全国人大代表的水安全忧思录"。

畏惧来自水污染现状触目惊心! 忧思源于水意识的社会性缺失!

根据《2013 年湖北省环境状况公报》,2013 年,全省在 5 条河流 10 个水库水源地上共设置了河流监测断面 31 个和水库监测点位 11 个,对武汉、黄石、宜昌、襄阳、十堰、荆州、荆门、鄂州、随州、孝感、黄冈、咸宁、恩施、潜江、仙桃、天门等 16 个城市辖区内的 42 个水厂,39 个集中式饮用水源地进行了监测。按《地表水环境质量标准》(GB3838-2002) Ⅲ类标准评价,全省监测水源地月水质总达标率在 94.3%—100%之间,全省监测水源地年水质达标率为 99.2%,同比下降 0.8 个百分点。

数据表明,2013年集中式饮用水源地达标率为99.2%,即达到Ⅲ类水标准。但令人不无疑问的是:99.2%的水是否真的已经达到了Ⅲ类水的标准?城市饮水安全在人们心中留下了一个大大的问号。

有人提醒,河流湖泊污染了,我们可以从地下取水,地下水应该是好的。

这是真的吗?我们希望寻找答案。

作为生活在千湖之省的湖北人,地表水太多,以至于我们忘记了还有地下水。找遍政府历年公布的《环境状况公报》,没有关于地下水的内容。我们到处走访却在热情接待后两手空空地回来:没有一个部门对地下水实施全面管理、没有一份完整的全省地下水分布及开发利用统计数据、没有地下水污染治理措施、没有……

而在实地调研中,我们分明看到:有的地方,水井越打越深,因为浅层水已经被严重污染;有的地方,污水未经任何处理直接回灌至地下;有的地方,垃圾填埋场没有采取过任何防止渗漏措施;有的地方,地下水开采几无"章法"可言;……

地下水,就这样在我们的"视而不见"中被开发利用,在利用的无序中被污染和破坏。管理"盲点"、规范"洼地"、标准"空白",我们不知道有多少粮食蔬菜是从地下水灌溉的农田里生长出来的、不知道有多少食品是取用地下水加工的、不知道有多少餐具是用地下水洗涤的……但我们知道:水是以不同形态存在于地球不同部位的整体。如果说地表径流是动脉,那么地下径流就是静脉,它们不仅联通而且相互影响,不仅自身循环而且参与生物圈大循环。

地下水,不管你是否取用,它都在那里并影响着你。对于水安全而言,这是一个不能被遗忘、也遗忘不起的"生命之源"。

因为有了对湖北省地下水现状的调查,发现了地下水保护方面的各种问题,于是,有了相关的对策建议。2014年1月,由湖北省第十二届人大第二次会议通过的《湖北省水污染防治条例》第34条规定:"进行地下勘探、采矿、工程降排水、地下空间开发利用、人工回灌补给地下水等可能干扰地下含水层的活动,应当采取防护性措施,防止地下水污染。从事地下热水资源开发利用或者使用水源热泵技术、地源热泵技术的,应当采取有效措施,防止地下水污染。环境保护、国土资源、水行政等主管部门应当依法加强监督管理和指导。大口井、废弃机井的产权单位应当采取合理的封井措施和工艺,防止污染地下水。"这一条对湖北目前地下水开发利用的主要方面做了规定,初步建立了地下水保护的制度,首次将地下水的开发利用和保护纳入水资源统一管理的范畴,使得地下水保护有了基本的法规依循。

当然,就地下水保护,现有的制度远远不够。我们的调查也只是揭示了问题的皮毛,并未深入到问题的根源。目前的工作,意义仅在于将以前不以为然的又一个湖北水问题展示出来,引起人们的重视。要真正解决好湖北的地下水保护问题,还需要付出巨大的努力。

我们已经上路,希望有更多的小伙伴加入!

吕忠梅

2014年12月25日于汀兰苑

目　　录

总报告

让千湖之省碧水长流

　　水是湖北最大的资源禀赋、最大的发展优势,同时也是最大的安全隐患。治水兴水历来是湖北人民繁衍生存的第一要务、繁荣发展的命脉所系。在新的历史起点上做好湖北的水利工作,努力推进湖北从水利大省到水利强省的跨越,实现"让千湖之省碧水长流",既是湖北人民的美好愿景,也是建设"五个湖北"、加快推进"建成支点、走在前列"的必然要求。

让千湖之省碧水长流

——关于湖北水利强省建设的思考[①]

王忠法[*]

2049年,是新中国成立一百年,我们的祖国将建成富强、民主、文明、和谐的社会主义现代化国家。那时的湖北,重要战略支点地位和作用将更加凸显;那时的湖北水利,理应实现历史性大跨越,从中部领先的水利大省跃身全国一流的水利强省。

一、建设水利强省是湖北特殊省情赋予的历史使命

湖北地处长江中游、洞庭湖以北,滨水而生,受水滋养,治水而盛。水是湖北最大的资源禀赋、最大的发展优势,同时也是最大的安全隐患。治水兴水历来是湖北人民繁衍生存的第一要务、繁荣发展的命脉所系。

(一) 水利是湖北生态之魂

湖北江河纵横交错,湖泊星罗棋布。"江、河、淮、汉"或从这里发源汇流,或在这里蜿蜒流淌。随县的桐柏山是华夏风水河——淮河的发源地。长江自西向东横贯省境,流程1151公里;最大支流——汉江由西北向东南斜插过境,于"九省通衢"的武汉汇入长江,流程932公里。两江交汇冲积而成的江汉平原,沃野田畴,物产丰富,是我国重要的粮棉油产地、水产养殖基地,成就了"湖广熟、天下足"的美名。除长江、汉江外,湖北还有集水面积50平方公里以上的大小河流1232条,总长4万多公里,可以绕地球赤道一圈。密如蛛网的江河水系犹如一条条动脉血管,给荆楚大地输送着源源不断的丰厚滋养。

江汉平原古称云梦泽。在现存的755个较大的湖泊湿地中,洪湖和梁子湖的面积都

---

① 2014年5月21日,省委办公厅《决策参考》第21期摘要刊发省水利厅厅长王忠法署名文章《让千湖之省碧水长流——关于湖北水利强省建设的思考》。该文阐述了湖北水利强省建设的特殊重要性,勾勒了2049年湖北水利的美好愿景,探寻了实现水利强省的行走路径。该文经《湖北日报》、人民网、《中国水利杂志》、荆楚网、长江水利网等媒体纷纷转载,社会各界反响强烈。

* 王忠法,湖北省水利厅厅长、党组书记。

在 300 平方公里以上。东湖是全国最大的城中湖,面积是杭州西湖的 6 倍,无产阶级革命家朱德的题词"东湖暂让西湖好,今后将比西湖强",昭示着东湖更加美好的未来。同时,湖北境内的人工湖(水库)有 6400 多个,大型人工湖数量居全国第一。三峡水库总库容 393 亿立方米,是全球最大的水力发电站;丹江口水库大坝加高后总库容 290 亿立方米,是南水北调中线工程的供水水源。

(二)水利是湖北为政之要

"为政之要,其枢在水。"纵观我国历史,举凡善治国者均以治水为重,善为国者必先除水旱之害。从先古时代的大禹,到秦皇汉武、唐宗宋祖,再到康熙、乾隆,每一个有作为的君王都把治水作为富民安邦的重要手段。从某种意义上讲,荆楚发展史堪称一部治水患、兴水利的奋斗史。从传说中的"神农九井"开始,湖北已有四千多年的治水史。春秋战国时,楚人开始兴修水运、灌溉等工程。秦汉至明清,湖北在中国水利史上留下了白起渠、荆江大堤、襄汉漕渠、鄂州民信闸、武汉张公堤等一大批著名的水利工程。新中国成立后,国家实施的第一个大规模水利基本建设项目就是荆江分洪工程。

湖北历来重视治水兴水工作,经过新中国成立以来几代人的不懈努力,现已初步建成防洪、排涝、灌溉三大工程体系。1.7 万公里堤防、6459 座水库、43 个分蓄洪区、5.2 万处泵站、2.3 万座涵闸、557 个万亩以上灌区、3690 万千瓦中小水电装机,数以万计的水利工程设施,保障着荆楚大地的岁岁安澜、五谷丰登。我省干堤长度、大型水库座数和大型排灌泵站装机容量均居全国首位,实现了由"水患大省"向"水利大省"的历史性跨越。

三峡水利枢纽工程把长江蕴藏的巨大能量转化为电能输送到全国,南水北调中线工程把秦岭巴山的洁净水源汇聚到丹江口、配置到京津冀,形成了"三峡之电全国享用,湖北之水全国受益"的新格局。1998 年大水后国家举国债、投巨资整治的长江干堤,犹如千里水上长城、千里绿化长廊、千里沿江景观、千里防洪通道,发挥着防洪安全屏障、特色经济轴线和生态文明丝带等多重效益,将沿江人民从暴雨洪水的威胁和繁重的防汛抗洪劳务中解放出来,为沿江地区经济社会的蓬勃发展、生产生活条件的明显改善和生态环境的逐步修复提供了有力支撑。

(三)水利是湖北民生之本

中华民族五千多年的文明历程和新中国六十多年治水的伟大实践,彰显出水利对于一个民族、一个国家、一个地区的重大意义。可以说,水利兴则天下定,水利兴则百业旺,水利兴则人心稳。我国能以占世界 6% 的淡水资源、9% 的耕地,解决了占世界 21% 人口的吃饭问题,水利作用巨大、居功至伟。对湖北来讲,水利兴衰更是决定着民生福祉、社会安定。但是,审视现状,我省在水安全上仍突出存在水灾害频发、水资源短缺、水生态损害、水环境污染等问题,令人担忧。

一忧水"多",防汛不安全。我省是行洪走廊、蓄水袋子,每年要承纳长江、汉江上游及洞庭湖、湘、资、沅、澧共 140 万平方公里的过境客水,过流量达 7000 多亿立方米。新中国成立以来平均 6 年就会发生一次重大洪涝灾害,每年汛期长达 6 个多月;若要防御长江 1954 年型特大洪水,湖北需承担分洪任务 370~420 亿立方米,占中下游分洪总量的 60%~70%。虽然长江干堤防洪能力有了大幅度提高,但荆南四河堤防、汉江干堤、连江支堤防洪能力较弱,中小河流防洪标准较低,湖泊堤防基础较差,分蓄洪区建设和山洪灾害防治也比较滞后,水库、涵闸、泵站病险还比较多。1954 年和 1998 年的长江大洪水给我们以惨痛教训,警示我们洪涝灾害依然是湖北的心腹大患,必须始终把防汛抗灾作为天大的事来抓。

二忧水"少",供水不安全。湖北同样备受干旱缺水的困扰,不仅鄂北、鄂西北一带素称"旱包子",是十年九旱之地,而且山丘岗地向江汉平原的过渡地带也屡遭旱灾侵袭。随着经济社会的发展,干旱缺水问题正由资源型缺水向污染型缺水发展,严重影响城乡人民生产生活用水和生态环境保护,已成为经济社会可持续发展的重要制约因素。全省现有重点缺水城市 25 个,其中污染型缺水城市 5 个,"守在水边无水喝"已不再是危言耸听。

三忧水"缺",粮食不安全。农谚讲,"有水无肥一半谷,有肥无水望天哭"。我省农田水利建设滞后的问题仍然十分突出,抗御旱涝灾害能力脆弱,成为影响粮食稳定增产和农业稳定发展的最大软肋。全省水利设施总蓄水能力、灌排效率衰减率达 40% 以上,有 40% 的农田不能保收,还有 60% 的农田只能抗御 5 年一遇的灾害。要从根本上改变农业"靠天吃饭"的局面,维护粮食安全,必须加强灌排设施建设,有效解决农田灌溉缺水问题。

四忧水"脏",生态不安全。长江、汉江干流水质尚好,但沿江城市近岸存在不同程度的污染带,汉江及其支流多次发生"水华"。中小河流超三类河段长度占评价河长的 22%。部分水库及供水水源地水质也有不同程度的污染。水土流失面积达 6 万平方公里,占版图面积的 33%。

我省经济社会发展要想因水无忧,就必须从以人为本、民生为重的高度看待水利建设,着力解决水"忧"问题,让人民群众从治水兴水中得到更多实惠、享受更大福祉。

(四)水利是湖北兴盛之基

"兴鄂必先治水。"治水害、兴水利对湖北而言有着非同寻常的意义。据统计,全省 50% 的人口和耕地、88% 的农业产值、78% 的工业产值以及武汉、荆州等重要城市和京九铁路、京珠高速等重要交通干线受到洪水直接威胁。水患问题不解决,发展经济必然深受制约和羁绊。

水资源承载能力和水生态环境也是十分重要的投资环境,洪水泛滥、污水横流、缺水干旱都是投资的硬伤,都会让客商望而却步。湖北在全国水资源节约保护和开发利用大局中具有特殊重要的战略地位。建设水利强省,让千湖之省碧水长流,这是中央领导对湖北的深情嘱托,也是荆楚人民对水利工作的殷切期盼。尤其是随着三峡大坝下游水生态环境问题、汉江中下游水生态修复问题和武汉城市圈"两型"社会建设试点湖泊生态水网构建问题、四湖流域水生态环境治理问题的日益凸显,湖北在水生态环境建设上的责任和压力空前增大,在全国的典型示范作用更加突出。

正是囿于特殊的水情、特殊的作用,我们必须肩负起水利强省建设的历史使命,努力实现湖北水利由大到强的新跨越,进一步铸生态之魂、强为政之要、固民生之本、筑兴鄂之基,为打造"五个湖北""建成支点、走在前列"提供更加坚实的水利支撑和保障。

二、水利强省建设愿景:不再因水而忧,势必因水而兴,终将因水而美

我们期盼到2049年,湖北全面建立功能完善的防汛抗旱减灾体系、合理高效的水资源配置利用体系、自然生态的水资源环境保护体系、科学规范的水利管理体系,一个"布局科学、功能完善,工程配套、管理精细,水旱无忧、灌排自如,配置合理、节水高效,河畅水清、山川秀美,碧水长流、人水和谐"的水利强省建设愿景终将变成现实。

布局科学、功能完善,水工程体系全面构建。全省城乡水利相统筹、区域水利相协调、工程措施与非工程措施相结合。无论是事关防汛安全的堤库闸站工程,还是保障供水安全的蓄引提灌工程,抑或是确保生态安全的河流调水、湖泊保护、江湖连通、水土保持、小水电代燃料等工程,都适得其所、建成达标,运行良好、功效完备。届时,必将从总体上破解"水多、水少、水缺、水脏"的困局,对水的需求随时发生、随时解决,有求必应、有效满足。

工程配套、管理精细,水管理有序有效。全省水利工程配套不全的问题得到根本性解决,一个结构完整、管理规范、操控灵活、运用精细的信息化、智能化系统在水利管理上大显身手。大至水库泄洪,小至斗渠进水,闸门启闭多少、水深流量几许,都能精准预设,即时指控。重点水利工程管理单位全面建成花园式的国家一级水利工程管理单位。水利建设市场规范、有序、健康。全省经营性水利工程运行维护全面走向市场,公益性水利工程维修养护实现专业化、社会化服务。通过各类水利工程综合调度、联动运行,上下游、左右岸、干支流以至不同区域、不同流域的供排水需求有效兼顾,蓄水、泄水、调水有效统筹,生产、生活、生态用水有效配置,水利综合效益得到最大程度发挥。

水旱无忧、灌排自如,水安全保障有力。全省城乡人民少有洪患之虞、缺水之忧,城区"看海"、农村"看淹"的景况不复再现。即使出现突发大范围洪涝、大面积干旱,也能在最短时间处置,最大限度减轻危害。大江大河及其支流、重要湖泊堤防、大小水库全面整治达标,功能有效发挥。小水窖、小水池、小塘坝、小泵站、小水渠等"五小水利"恰处其位,塘清渠畅。通过"大""小"结合,联合运用鄂北地区水资源配置等大型输配水工程和小型应急水源工程,彻底走出干旱缺水困境。农村饮水安全工程送水到家,农民告别饮水难、饮水脏的历史。农民专业合作社、家庭农场、用水协会等新型主体普遍建立并发挥农田水利基本建设生力军作用。届时,水旱风险控制能力大大加强,荆楚大地"洪能防、涝能排、旱能抗、饮能安"的新格局真正形成。

配置合理、节水高效,水资源价值体现充分。全省不同地区水资源承载力、水环境承载力与其自然禀赋、经济社会条件相匹配,成为当地经济社会发展潜力的重要组成部分。通过水利工程"实"的调度和水权市场"虚"的调度,水资源真正做到城乡统管、科学配置,合理流动、高效利用。水资源价值充分体现并得到普遍重视,全省各地区、各行业节水、

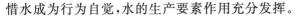

惜水成为行为自觉,水的生产要素作用充分发挥。

河畅水清、山川秀美,水生态环境良好。全省江湖相通、水畅其流、水质达标、水清岸绿、生物多样的水生态环境系统基本构建完成。千湖形态稳定,数量不减少,面积不萎缩,功能不退化。水土流失重点地区全面治理,植被良好。水在"海绵城市""海绵家园"中自然积存、自然渗透、自然净化、自然流动。水利旅游蔚然成风,人们观赏水景,感受水韵,乐享水趣。

碧水长流、人水和谐,水文明彰显活力。水的永续利用与全省经济社会的可持续发展相统筹、相均衡、相匹配,人水关系实现更高层级的和谐相处,各得其所,共存共兴。水文化氛围浓郁,既兼收并蓄,博采众长,又注重传承,独具荆楚文化特色。水利科技发育,依托科研院所、高校和企业,与世界一流的科技研究机构建立新型合作伙伴关系,积极参与水环境保护、水生态修复、水资源监控能力建设等全球性水问题研究,引进、消化、吸收先进技术,不断推动水利创新发展。

三、打好"组合拳",奋力推进水利强省建设

建设水利强省,迫切需要全面贯彻落实习近平总书记提出的"节水优先、空间均衡、系统治理、两手发力"治水战略思想,积极把握和顺应经济规律、自然规律、生态规律,坚持用问题导向、底线思维、系统意识来统筹考虑解决水安全问题,打好改革、民生、生态等"组合拳"。

(一)全面深化改革,为建设水利强省释放动力

"明者因时而变,知者随事而制。"湖北水利今天所取得的成就,无不源自迎难而上、锐意攻坚所赢得的"红利"。

在新的历史起点上深化水利改革,要有更大的勇气、更高的智慧、更宽的视野。必须深入贯彻中央和省委、水利部关于全面深化改革的决策部署和要求,把解放思想作为全面深化水利改革的"第一道程序",本着"简政放权、市场配置,服务社会、惠及民生,重点突破、整体推进,立足当前、着眼长远"的原则,摒弃不合时宜的旧观念,冲破制约发展的旧框框,让各种发展动力激发出来、汇聚起来,在水利重要领域和关键环节改革上取得决定性成果,使水利体制更顺、机制更活、制度体系更加科学完备有效。

在新的历史起点上深化水利改革,必须始终遵循节水优先的根本方针,保障水资源可持续利用;始终坚守空间均衡重大原则,强化水资源环境刚性约束;始终坚持系统治理思想方法,统筹协调解决水资源、水环境、水生态、水灾害问题;始终把握政府作用和市场机制两手发力的基本要求,深化水治理体制机制创新,加快实现从供水管理向需水管理转变,从粗放用水方式向集约用水方式转变,从过度开发水资源向主动保护水资源转变,从单一治理向系统治理转变。

在新的历史起点上深化水利改革,必须坚持整体推进、重点突破。当前和今后一段时期,要按照省委确定的时间表、路线图,全力推进水利改革。特别是近三年,要狠抓"六

大重点水利改革":加快转变水行政管理职能,建立事权清晰、权责一致、规范高效、监管到位的水行政管理体制,提高水行政管理效率和质量,努力创建水行政许可审批最优省;加强水生态文明制度建设,建立水生态文明建设目标指标体系和考核办法,促进和保障水生态系统保护与修复,努力创建水生态省;推进水资源管理体制改革,促进水资源的优化配置、合理开发、高效利用、全面节约、有效保护,努力创建水资源管理绩优省;完善水价形成机制,建立水利工程公益性供水政府补偿、经营性供水更多反映市场供求关系的定价机制,培育和规范水市场,充分发挥市场对资源配置的决定性作用,努力创建水资源利用高效省;创新水利工程建管体制,推动水利工程专业化、社会化建设管理,保障工程质量、安全和高效运行,努力创建水工程建设管理达标省;提高水利社会管理和服务能力,统筹城乡水利规划、水资源管理、水利基础设施建设,推进水利基本公共服务均等化,努力创建水利社会管理和谐省。

(二)坚持民生优先,为建设水利强省夯实根基

水利与民生息息相关,保障和改善民生是发展水利的根本宗旨。要进一步夯实水利基础,致力解决好直接关系人民群众生命安全、生活保障、生存发展、人居环境等方面的水利问题,让水利改革发展的成果普惠民生。

千方百计地确保防洪安全。必须牢固树立"宁可信其有,不可信其无;宁可防其大,不可疏其小;宁可备而无汛,不可汛而无备;宁可十防九空,不可失防万一"的观念,始终把确保人民群众生命财产安全放在防汛抗洪工作的首位。着力完善长江、汉江防洪保护圈,提高大江大河和大湖大库的综合防洪能力,竭力抓好中小河流、中小水库、中小在建水电站和小区域山洪滑坡等"四小"工程的防汛保安工作,确保荆楚大地岁岁平波安澜。

毫不动摇地保证抗旱安全。坚持主动抗旱、科学抗旱、立体抗旱,加大灌区节水和泵站技术改造力度,加快实施区域性调水工程、控制性水源工程、应急性抗旱水源工程建设,全力确保城乡居民生活用水,努力扩大灌溉面积,尽力减轻干旱影响。尤其要把鄂北地区水资源配置工程作为"一号工程"抓紧抓好,使之成为鄂北地区新的生命线,让清澈甘甜的丹江水滋润十年九旱之地,在少雨缺水的鄂北岗地上再造一个"塞上江南""鱼米之乡"。

坚定不移地保障粮食安全。坚持以县级农田水利建设规划为依据,以小型农田水利重点县为平台,以大中型灌区续建配套与节水改造、大中型灌溉排涝泵站更新改造、大中小型水库除险加固和当家堰塘清淤扩挖为重点,以高效节水灌溉技术装备的集成化、规模化为手段,疏通灌排"主动脉",打通"最后一公里",不断完善灌排自如、旱涝保收的农田灌排体系。力争到2049年整治田地5000万亩,建一片成一片,形成规模效益,做到山青、水秀、岸绿、田肥、路通。

矢志不渝地保护饮水安全。坚持把农村饮水安全作为水利建设的优先领域,全力推进农村饮水安全"村村通"工程建设。以农村供水规模化、城乡供水一体化为发展方向,科学规划布局,有效整合资源,建成一批"千吨万人"以上的规模化水厂,实现户户通自来水、人人饮放心水。同时,大力开展四湖、陆水、富水流域等水利血防工程建设,有效防

控、遏制血吸虫病蔓延,灭钉螺、送瘟神,切实维护疫区人民群众身体健康。

(三)守住生态底线,为建设水利强省增添灵韵

坚持"保护与发展并重、生态与经济双赢","保护水生态环境就是保护投资环境、发展环境"的理念,把水生态环境保护与修复作为水利工作的核心与重点,统筹山水林田湖治理水,落实水生态空间用途管制,加快推进"碧水工程"建设,坚决改变塘堰、湖泊"垃圾筒""臭水坑"的恶貌,彻底摆脱河流、沟渠"龙须沟""排污管"的窘境,让河湖恢复清澈,让水土不再流失,让山川更加秀美,让我们的子孙后代望得见山、看得见水、记得住乡愁。

把河湖水生态保护与修复作为水生态文明建设的重要载体。实施江湖共治,重建江湖关系,整体推进江河湖库水生态环境建设。着力构建以三峡、丹江口、漳河库区等水源地保护和中小河流治理为主要内容的水生态修复与保护工程体系,建成确保三峡工程和南水北调中线工程永续利用的生态水源保护示范区。大力开展以武昌大东湖、四湖流域、黄石磁湖等100个河湖水生态环境修复与保护为重点的生态河湖工程建设,"一河一湖一策一景",使每一条河流、每一个湖泊彰显灵韵、焕发生机。

把小流域综合治理作为水土保持生态环境建设的重要抓手。坚持以小流域为单元,山、水、田、林、路综合治理,池、渠、沟、凼、路合理配套,实现治理区经济快速增长和生态环境有效改善。特别是通过生态清洁型小流域建设,统筹搞好水土流失防治、面源污染控制和水源区保护,保障农村饮水安全,建设和谐人居环境;通过建设生态安全型小流域,实施坡改梯工程,培育经济林果产业,集约高效地利用水土资源,科学合理地提高人口环境容量。加快推进三峡库区、丹江口库区、大别山南麓、清江流域、汉江上中游等水土保持重点区域和重点项目建设。加强对城镇及周边裸岩、裸地、水系、河道的综合整治,恢复和改善自然生态系统,推动宜居城镇建设。

把汉江现代水利工程作为我省乃至全国流域水生态环境治理的重要样板。通过梯级渠化开发,实施防洪保安、资源配置、生态环境、综合开发、数字汉江和现代管理"六大工程",把汉江流域水利现代化试点建成集防洪、供水、发电、航运、观光等功能于一体的现代水利生态工程,打造"东方田纳西"。

(四)更加注重管理,为建设水利强省提质增效

建设水利强省,必须按照建设法治政府和合法行政、合理行政、程序正当、高效便民、诚实守信、权责统一的要求,行使权力、履行职责,依法治水,科学管水,推进水利行业社会管理体系和能力现代化。

加快依法管水进程。构建适应湖北省情和水情的水法规体系,建立权责明确、行为规范、监督有效的水行政执法体系。不断建立健全行政决策风险评估机制,切实改变重规划轻落实、重审批轻监督、重建设轻管理、重进度轻质量、重业务工作轻法治建设的局面。加强水利政策法规机构和水政监察队伍建设。以水资源管理、河湖管理、水土保持监督、农村水电开发管理等为执法重点,积极组织开展专项执法活动,始终保持对水事违法行为的高压严打态势。及时有效化解水事纠纷,千方百计维护社会和谐稳定。

严格水资源统一管理。以水资源的配置、节约、保护为重点,强化需水和用水过程管理,划定用水总量控制、用水效率控制、水功能区纳污控制"三条红线",把水资源、水生态、水环境承载力作为刚性约束,真正让最严格水资源管理制度硬起来。城市发展要坚持以水定城、以水定地、以水定人、以水定产。要像重视国家粮食安全一样重视水资源安全,像严格土地管理一样严格水资源管理,像抓好节能减排一样抓好节水工作,加快节水型社会建设,推动经济社会发展与水资源环境承载能力相协调,坚定走资源节约型、环境友好型之路。

强化水利工程建设管理。针对水利建设的新特点、新要求,进一步规范基建程序,创新建管机制,严格资金使用,加强项目验收,健全水利建设项目质量和安全管理体系,把每项水利工程建成精品工程、放心工程、廉洁工程、长寿工程。严格资质资格审查审批,推进水利项目信息公开和诚信体系建设,切实提高水利建设市场的监管水平。大力推进水利工程建设领域突出问题专项治理工作。积极推动水利工程建设和运行管理专业化、市场化和社会化。

(五)强化科技武装,为建设水利强省丰羽添翼

水利现代化的关键是水利科技的现代化。必须加快水利科技创新,用现代治水理念、先进科学技术、科学管理制度武装和改造传统水利,提高水利建设管理的科技含量。

推进水利科技创新。紧紧抓住事关水利科学发展的全局性、战略性、基础性、前瞻性问题,开展重点研究和联合攻关。既要研究水旱灾害致灾过程、致灾后果评估理论方法及水利防灾减灾规律,又要研究河湖水系连通的理论基础、总体思路、规划布局和对策措施,也要研究流域生态需水和河湖生态流量估算方法及调配技术,还要研究水利现代化科学内涵、指标体系及推进策略,使水利科技的支撑作用得到充分发挥。

推广水利科技应用。推进工程现代化,用新技术、新材料、新工艺打造现代化的精品工程,构筑适应"四化同步"需求的现代水利工程体系。推进调度现代化,统筹防洪、供水、发电、航运等不同功能,兼顾生产、生活、生态用水需求,充分发挥水利工程的综合效益,尤其是要强化流域水量、区域工程的统一调度,优化三峡周边水库群和汉江梯级水库群防洪调度。推进管理现代化,加强水雨情测报、通信预警和远程控制等系统建设,促进信息化与建设、管理、调度、运行等各个环节的深度融合,以信息化带动水利工程管理的现代化。

拓展对外交流合作。培育专家咨询机构,围绕水利工程重大技术难题开展咨询服务。推动一批科研院所、高校和企业与世界一流的水利科研机构建立合作伙伴关系,积极参与水环境保护、水生态修复、水资源监控等全球性问题研究,有效引进国外先进的治水理念、高新技术。

(六)培育文化依托,为建设水利强省凝聚智力

坚持多角度、宽领域、全方位营造百花齐放、姹紫嫣红、健康向上的浓厚水文化氛围,创造无愧于时代的水文化,构建具有湖北特色的水文化体系和支撑。

完善可持续发展治水思路。不断深化对自然规律、经济规律、社会规律和水利发展规律的认识，引导全社会从文化角度认识人与自然、人与水的关系，努力树立人水和谐的理念，提高全社会的水资源意识、水生态意识、水危机意识、爱水节水意识，形成符合生态文明建设要求的水资源开发利用模式，建立有利于水资源可持续利用的生产生活方式。

提升水利工程文化内涵和品位。把荆楚人文风情、河流历史、传统文化等元素融合到水利工程设计中，体现生态理念、营造水利景观、传承文化底蕴。尤其注重用景观水利的理念去建设每一项水利工程，实现水利与园林、防洪与生态、亲水与安全的有机结合，使之成为人们赏心悦目的好风景、休闲娱乐的好场所、陶冶性情的好去处。

加强传统水文化遗产的发掘和保护。深入挖掘、科学梳理传统水文化遗产的科学内核，特别是蕴含其中的先进思想、科学精神和价值观念，比如天人合一、人水和谐的思维方式，水能载舟、亦能覆舟的政治智慧，上善若水、水善利万物而不争的道德情操，努力让优秀传统文化遗产在当代水利实践中得到传承和发扬。加强水文化传播平台建设，建成湖北水利博物馆，展示内涵深刻、绚丽多彩的荆楚水文化。

深化荆楚水文化理论研究。围绕人与水、社会与水、经济与水的关系，从历史地理、风土人情、传统习俗、生活方式、行为规范、思维观念等方面加强水文化研究，不断完善湖北水文化理论体系。把水文化研究的重点放在关系水利发展的非物质性因素上，包括治水理念、思想认识、制度设计、价值取向等领域，为建设水利强省提供强有力的水文化依托。

（七）加强能力建设，为建设水利强省提供保障

建设水利强省是"非常之事"，必须有"非常之人才、非常之能力、非常之精神"。

作为水利人，能参与和推进水利强省建设是我们的莫大荣幸和重大责任。我们必须紧紧围绕实现水利社会管理体系和管理能力现代化这个目标，全面加强水利队伍建设，使之真正能够担负起新时期水利改革发展重任。要致力建设一支"信念坚定、为民服务、勤政务实、敢于担当、清正廉洁"的水利干部队伍，培养锻炼水利干部"八种能力"和席位能力，尤其是驾驭社会主义市场经济的能力，争做推动水利改革的创新者、加快水利发展的促进派。致力打造一支规模适度、结构优化、分布合理、素质优良的水利专业人才队伍，做到应知应会、行家里手、专家权威，适应不同层次、不同岗位的专业要求。致力完善一个以乡镇或流域水利站、防汛专业抢险队、抗旱服务队、水利科技推广队、灌溉试验站、农民用水合作组织为主体的基层水利管理服务体系，为建设水利强省提供可靠能力保障。

作为水利人，在建设水利强省的新征程上，必须大力弘扬焦裕禄精神、水利行业精神和伟大抗洪精神。教育、引导广大水利干部职工学习弘扬焦裕禄的公仆情怀、求实作风、奋斗精神和道德情操，争做焦裕禄式的好党员、好干部。大力弘扬献身、负责、求实的水利行业精神，万众一心、众志成城、不怕困难、顽强拼搏、坚韧不拔、敢于胜利的伟大抗洪精神，打造精神家园，营造强大气场，奋力推进水利大省向水利强省的跨越。

特别关注

湖泊流域综合治理

　　我国地域辽阔,地跨多个气候区或气候带,造就了各种各样的湖泊类型,成为世界上湖泊类型最多的国家之一。湖泊是其流域物质和能量之"汇",流域是湖泊物质和能量之"源",即湖泊生态系统结构的形成和演化,与流域自然要素变化存在着不可分割的联系。因此,湖泊保护与流域治理在模式建构上应具有互为嵌入、共生共融的关系。2012 年,《湖北省湖泊管理条例》出台,为湖泊流域的综合保护与系统治理建立完善了体制机制,基本确立了我省流域湖泊保护的模式,绘就了湖北湖泊流域综合治理的宏伟蓝图。

环境法视野下的"优质湖泊优先保护"

吕忠梅　熊晓青[*]

2012 年 5 月,周生贤部长在全国环境保护部际联席会议暨松花江流域水污染防治专题会议上透露,国家在深入推进重点流域水污染防治的同时,已着手优先保护水质良好和生态脆弱的江河湖泊,在"十二五"期间,将按照突出重点、择优保护、一湖一策、绩效管理的原则,完成 30 个湖泊的生态环境保护任务,进一步明确"优质湖泊优先保护"的工作思路。回顾近年来国家有关湖泊保护的举措,可以发现:中国的湖泊保护理念正在发生由污染防治为主向风险预防为主的重大转变,湖泊保护措施专门化、综合性的道路逐渐清晰。我们认为,这种变革,十分值得肯定。但是,相对于提出理念,将理念变成实际保护行动更加重要也更加困难,需要我们理性思考。

一、湖泊生态环境现状急需加强湖泊保护

湖泊作为地球的"肾脏",具有不可替代的生态功能,对于人类生存和发展意义重大。同时,湖泊作为自然资源,具有多重经济价值,对于经济社会发展具有重要作用。正是由于湖泊特殊的自然条件和经济社会功能,其极易成为 GDP 增长的牺牲品。在科学意义上,湖泊是指陆地表面洼地积水形成的比较宽广的水域,它是整个地球水生态系统的重要组成部分,是水的重要载体和水资源的主要构成部分。正是因为这个原因,我国长期以来将湖泊与江河视为一个整体,在立法上采取了"一视同仁"的态度。从理论上讲,所有水事立法和相关立法中都自然包括了湖泊保护的内容,如《水法》《水污染防治法》《渔业法》《土地管理法》《森林法》《河道管理条例》等法律法规都可以成为湖泊保护的法律依据。但是,这些法律实施多年,中国的湖泊保护形势却日益严峻,湖泊因为污染而枯竭、因为围填而消失的现象比比皆是,那些被污染或者正在死亡的湖泊成为城市和农村的"创面"与"疤痕"。

首先,我国湖泊污染现象十分普遍,尤其是富营养化问题突出。许多年来,人们将湖

---

　　[*] 吕忠梅,湖北省政协副主席,湖北经济学院院长,湖北水事研究中心主任;熊晓青,华中农业大学文法学院讲师,湖北水事研究中心研究员。

泊当做"天然纳污场"，工业污水、生活污水直接向湖泊排放，农业生产和农村生活方式产生的面源污染也直接威胁着湖泊生态。根据《2011年中国环境状况公报》，我国26个国控重点湖泊（水库）中，Ⅰ至Ⅲ类、Ⅳ至Ⅴ类和劣Ⅴ类水质湖泊（水库）比例分别为42.3%、50.0%和7.7%。轻度富营养状态和中度富营养状态的湖泊（水库）占53.8%；中营养状态的湖泊占46.2%。

其次，我国东、中部地区的湖泊，面积、数量锐减。在中国的多湖泊地区，与经济发展的速度相比毫不逊色的是"围湖造地、垃圾填湖"的速度。以有着"千湖之省"美誉的湖北为例，到2005年，湖北省湖泊总面积比20世纪50年代减少了64.4%。20世纪50年代，湖北省百亩以上的湖泊有1332个，其中5000亩以上的湖泊322个；现在，全省百亩以上的湖泊仅为574个，其中，5000亩以上的湖泊仅剩100余个。

再次，我国内陆干旱半干旱地区的湖泊，正面临萎缩及水质盐碱化的风险。近几十年来，由于经济的迅速发展，农业灌溉用水的大量增加以及水资源利用方式的多元化，使得湖泊上游大量拦截水源，入湖水量急剧减少，导致湖泊面积萎缩、水质盐碱化，一些湖泊枯竭甚至消亡。

湖泊的污染、枯竭、消失可能带来水环境、水生态不同程度的恶化，大大削弱湖泊的自我调蓄能力、自我净化能力、污染消解能力和生态修复能力，加剧洪涝旱灾的发生，破坏生物多样性，对人类生存和发展造成严重威胁。

严峻的现实表明，水资源一体化保护的立法思路，以及以此建立的各种法律制度，在湖泊保护方面并没有达到预定目标，许多地方还在重复"先污染后治理、先破坏后恢复"的固有模式。要改变中国湖泊保护现状，必须转变思维，创新保护理念，构建新型保护模式。

二、综合性湖泊保护思路逐渐形成

为了改变湖泊保护的现状，进一步加强湖泊保护，国家在近年来出台了一系列政策措施，将湖泊保护从一般性的水资源保护中独立出来，更加强调湖泊生态系统的特殊功能，强调湖泊水质保护的特殊性，使得湖泊保护工作具有了明确的针对性和实效性。从这些重大措施中，我们可以感受到湖泊保护工作正在经历的重大变化，发现中国湖泊保护理念与保护方式正在进行的调整和转变。

李克强副总理在第七次全国环保大会上的讲话中指出："江河湖泊一旦污染，治理成本巨大，甚至不可逆转，要优先保护水质良好和生态脆弱的湖泊和河流。"不长但十分坚定的话语传递了两个信息：一是将湖泊和河流并列，没有笼统地使用水资源或水生态环境的概念；二是明确宣告不能再走"先污染后治理"的老路，必须本着预防原则，对于水质良好和生态脆弱的湖泊进行优先保护，遏止湖泊严重污染或者因生态失衡而消亡。

2008年，国务院办公厅转发环境保护部、国家发展和改革委员会、财政部、住房和城乡建设部、水利部《关于加强重点湖泊水环境保护工作的意见》，提出了重点湖泊水环境保护的近期与远期目标，即"到2010年，重点湖泊富营养化加重的趋势得到遏制，水质有所改善";"到 2030 年,逐步恢复重点湖泊地区山青水秀的自然风貌,形成流域生态良性循环、人与自然和谐相处的宜居环境"。这是第一个专门针对湖泊保护的规范性文件,从此,有了"重点湖泊水环境保护"的概念,从水质保护和水生态环境两个方面对湖泊保护推出了专门措施。

2011 年,财政部、环境保护部专门制定《湖泊生态环境保护试点管理办法》,不仅明确了纳入试点管理的湖泊范围与条件,而且经过国务院批准,中央财政增设湖泊生态环境保护专项资金。计划在"十二五"期间由中央财政安排资金 100 亿元,引导地方投入不低于 100 亿元,带动社会投入,共形成 500 亿元左右的资金规模,完成 30 个湖泊生态环境保护任务。再经过"十三五"的努力,共形成 1000 亿元以上的投入规模,把我国面积在 50 平方公里以上的优质生态湖泊都保护起来。从内容上看,这个《办法》是对《关于加强重点湖泊水环境保护工作的意见》的具体化和落实,进一步明确了湖泊保护的范围和内容。

与此同时,湖泊生态环境保护专项开始启动。2010 年和 2011 年中央财政共安排 9.5 亿元专项资金,支持云南抚仙湖、洱海等 8 个湖泊的生态环境保护。2012 年,获得优先保护的湖泊范围进一步扩大,中央财政共安排 14.5 亿元,支持白洋淀、衡水湖等 24 个湖泊开展水质良好湖泊生态环境保护工作。

2012 年,经国务院批准,环境保护部、国家发展和改革委员会、财政部和水利部联合发布《重点流域水污染防治规划(2011—2015 年)》,该规划确定了包括太湖、巢湖、滇池、三峡库区及其上游、丹江口库区及上游等在内的 10 个流域为重点控制流域,并根据各控制单元水污染状况、水环境改善需求和水环境风险水平,确定了 118 个优先控制单元,并按照水质维护、水质改善和风险防范三种类型制定水污染防治综合治理方案,实施分类指导。在这个文件中,不仅将湖泊(水库)与江河相互并列,而且以水质保护为标准,明确了水质维护、水质改善和风险防范三种类型,针对湖泊的不同水质状况,实现了保护的差异化。

自此,我国的湖泊保护工作思路基本形成,其内容包括两个方面:一是将湖泊保护从一般意义上的水资源保护中分离出来,实行湖泊专门保护;二是对湖泊根据一定标准进行分类保护。"优质湖泊优先保护"正是在这样的背景下提出来的,是对水质良好的湖泊所进行的风险防范型保护。

三、"优质湖泊优先保护"蕴含环境保护新理念

由于我们过去对湖泊生态系统的特殊性重视不够,一些法律制度因缺乏针对性而难以实施,造成了湖泊生态环境日益恶化的严峻现实,使得湖泊保护成为环境保护的"短板"。这是国家选择将湖泊保护从水资源保护中独立出来,进行分类指导、分别保护的制度动因。如果说,近年来,国家出台的一系列湖泊保护举措是一种"组合拳",那么"优质湖泊优先保护",则是其中的一记重拳,它标志着我国湖泊保护理念的重大转变。

客观而言,尽管过去我国没有为湖泊保护专门立法,但对于湖泊保护还是十分重视的。从"七五"开始,国家就开始投入滇池污染治理,"十一五"期间,又加强了对太湖、巢

湖的治理力度。各湖泊所在地方也通过立法、建立省际协调机制等方式为湖泊保护建立了一些制度。但是,我们可以明显地看到,这些湖泊之所以得到国家和地方的高度重视,是它们的污染情况已经非常严重,到了非治不可的程度。无论是滇池的水质持续恶化,还是太湖、巢湖的蓝藻暴发,都已经对生态环境和人民生活造成了严重影响。这种"先污染后治理"的理念和模式,不仅十分被动,而且投入大、收益小。环境科学和世界上许多国家的湖泊治理经验都在告诉我们:污染易、治理难,破坏易、恢复难。道理很简单,由于生态环境的不可逆转性,很多时候,根本不可能有"后治理";即便是那些为数不多的可以治理的情况,付出的代价也是十分高昂的。因此,我们许多对于湖泊污染治理的投入,除了带来 GDP 的数字增长外,对于湖泊的生态恢复和人民生活质量的提升意义并不如我们想象的那么大。

从环境法的角度看,环境保护由环境污染防治和自然环境保护两部分组成:前者侧重于应对环境污染,解决的是"由坏变好"的问题;后者则更多立足于保育,解决的是"好上加好"的问题。当然,两者并不绝对分立,往往是治理与保育并行。湖泊保护亦是如此,一方面,要治理各种污染源导致的湖泊水质污染,尽力使其由坏变好,进而巩固成果;另一方面,要保育那些基础较好的湖泊,在防止污染、维护现状的基础上,力争湖泊水质更好。

从成本收益的角度看,如果对于一个水质较差的湖泊,采取治理所付出的成本非常高却收益甚微,而若将同样的成本用于一个水质较好的湖泊,其产生的环境收益可能非常之大,那么,在投入有限的前提下,将成本投入于后者就较为理性,因为相比较而言,这种做法事半功倍,而前者则近乎"得不偿失"。因此,从理念上需要更加注重的是"事前预防"而非"事后治理",在法律制度的安排上,也必须把"预防"放在首位,以避免出现"先污染后治理"的情况。

从我国湖泊保护的思维上看,从过去主要将投入重点、制度重心放在对已经形成严重污染的湖泊进行治理到现在明确提出"优质湖泊优先保护",显然是一种思维模式的转换,即变消极被动的应对填补为积极主动的防患未然,求增量而非仅仅保存量。正如《关于加强重点湖泊水环境保护工作的意见》中明确提出的:"到 2010 年,重点湖泊富营养化加重的趋势得到遏制,水质有所改善;到 2030 年,逐步恢复重点湖泊地区山青水秀的自然风貌,形成流域生态良性循环、人与自然和谐相处的宜居环境。"这是一种明确的以增量(优质湖泊)来带动和优化存量(非优质湖泊)的源头保护思维,与过去的"先污染后治理"的末端控制理念相比有了根本性变化。

当然,我们在这里所说的理念转变,是立法价值取向和制度安排思维的转型,并不等于放弃对已经污染或者生态已经遭受破坏的湖泊的治理。只是希望通过这种转变激励人们更好地保护优质湖泊不受污染和破坏,避免"先污染后治理,先破坏后恢复"的悲剧重演。对于历史的欠账,国家依然需要采取必要措施进行治理,防止一些已经遭受污染或破坏的湖泊生态继续恶化,这就是《重点流域水污染防治规划(2011—2015 年)》明确划分水质维护、水质改善和风险防范三种类型,要求针对湖泊的不同水质状况采取不同保护措施的本来意义。

四、"优质湖泊优先保护"的实现急需制度保障与机制支撑

如前所述,"优质湖泊优先保护"的提出,对于我国的湖泊保护意义重大,是一个非常好的理念。但是,我们深知,理念如果不能变成行动,其意义则不复存在。

从目前情况来看,国家对于"优质湖泊优先保护"出台了一些措施,尤其是建立了中央财政专项资金,为理念的实现奠定了基础。但是,我们不无担心的是,如果没有长远的制度保障和机制支撑,"突出重点、择优保护、一湖一策、绩效管理"是否会带来又一次的执法运动或风暴。如果"优质湖泊优先保护"变成中央政府"保湖泊、优生态",地方政府"争项目、入名录",各怀心思,那风险预防的目的是否真正能够实现?在这个意义上,我们认为:要真正实现"优质湖泊优先保护",必须制度先行、规则先定。只有在法治的框架下,良好的理念才可能通过制度的实施变成现实。

在我国,目前尚无湖泊保护的专门国家立法,近年来,有一些地方根据本地实际情况,制定了一些湖泊保护的地方性法规,如《湖北省湖泊保护条例》《江苏省湖泊保护条例》《武汉市湖泊保护条例》《武汉市湖泊整治管理办法》《昆明市湖泊沿岸公共空间保护规定》《南昌市城市湖泊保护条例》等。总体来看,这些地方立法都在湖泊保护管理体制和机制方面进行了一定的探索,如《湖北省湖泊保护条例》在湖泊的综合管理与分类管理、湖泊保护范围的确定、一湖一策、公众参与等方面都有制度上的创新,但由于地方立法权限的约束,在许多重大事项上无法突破。其中的许多问题,恰是实现"优质湖泊优先保护"所必须解决的制度障碍,这些问题应得到高度重视并切实加以解决。

首先,湖泊保护的管理体制问题。目前,我国《水法》明确规定水利行政部门是我国的水资源综合管理部门,根据法律授权,水利部将代表国家对水资源实施综合管理,包括水量和水质两个方面的管理;《水污染防治法》规定环境保护行政部门是水污染防治的主管部门,根据法律授权,环保部将代表国家对水污染防治工作实施综合管理,主要是对水质的管理。这两部法律所确立的管理体制分别来看都十分合理,但在环境保护的实际工作中则是矛盾重重,两部法律执行过程中的越位、错位、缺位经常发生。目前,有关"优质湖泊优先保护"的政策虽然是由环保部、水利部共同制定的,但主要还是从水质保护的角度出台的文件,该政策并未明确两个部门间的权力分工,也没有建立权力协调机制,更没有解决我国水资源管理中的"体制结症"。而实际上,湖泊保护涉及的还不止这两个部门,农业、林业、交通等部门都牵涉在内,如果体制问题得不到很好的解决,这项政策也可能成为各部门"有所为和有所不为"的重要依据。

其次,湖泊保护的"一湖一策"问题。建立专门的湖泊保护机制,即落实"一湖一策"或"一湖一法",是国内外湖泊立法和执法的成功经验,即立足于优质湖泊的实际,因地制宜,设置专门的湖泊管理机构,实行执法权的集中委托,如美国对五大湖流域的管理,而我国抚仙湖、滇池、太湖、洱海的治理也都采用了专门制定法规或规章的形式。目前存在的问题是不同性质的湖泊具有不同的价值和功能,"一湖一策"最重要的意义在于彰显湖泊个性。在我国没有湖泊保护的专门立法的情况下,要实现这个目标,必须解决两个方

面的问题:一是承认不同功能的优质湖泊保护目标的差异性,并以此为基础进行专门立法,建立协同执法机制;二是突破湖泊管理的区域性限制,建立优质湖泊保护执法的协调机制。

再次,地方政府的优质湖泊保护责任问题。湖泊作为水生态系统的一部分,具有流域特性,即便是湖盆在一个地方行政区域内的湖泊,其汇水范围也可能存在跨区域情况。湖泊保护中很容易形成流域管理与区域管理的矛盾和冲突,直接影响到湖泊保护的效果。现有法律虽然规定了地方政府的环境保护目标责任制,但过于笼统,可操作性差。很多地方将政府责任变成"部门负责",使地方首长的环境管理责任追究流于形式。因此,必须落实环境保护问责制,解决好政府行政首长对辖区内的优质湖泊保护负总责的问题,建立完善的责任追究机制。

实际上,"优质湖泊优先保护"还涉及一些技术性问题,如湖泊的法律概念,湖泊类型与功能划分,湖泊保护范围确定,优质湖泊的标准,等等。可以说,"优质湖泊优先保护"仅仅是提出了一个命题,如何真正破题、结题,还有许多功课需要去做。

湖泊保护范围划定的立法思考①

刘佳奇*

对于湖泊立法而言,湖泊保护范围划定的立法研究显得尤为重要。湖泊保护范围的划定,直接决定着职能部门管理权的适用范围,直接决定着区划、规划具体适用范围,直接决定着各项法律制度的适用范围,直接决定着湖泊立法法律责任适用的空间范围。总之,湖泊保护范围的划定是整个湖泊保护立法的空间基础,是其他规范、制度设定的前提条件,必须给予高度重视。

一、湖泊保护范围划定立法的理论依据

(一)生态系统管理理论——为何划线?

从 20 世纪 50 年代,生态学家开始从生态系统的角度提出用一种新的方法进行生态管理。在 20 世纪 80 年代后期,这种基于生态系统的研究方法被越来越多的科学家、管理者所接受。如我国就于 1998 年颁布了《全国生态环境建设规划》,对国家的生态建设作出全面的部署。生态系统管理的方法大致可以分为八个步骤(如下图)。

从生态系统管理方法的步骤中不难看出,其中的"生态系统管理边界"作为生态系统管理的步骤之一,主要指的就是对于生态系统管理的实际操作进行边界的限定。此外,其与生态系统管理的核心"确认管理目标"之间是相互影响的关系,即图中所示的"双向箭头"。一般意义上,对湖泊生态系统的管理定位于"适度管理型"(Moderate Management),其管理的目标是"维持自然资源的生产力与生态过程中的整体性和半自然性"。也就是说,湖泊生态系统的管理目标不是一味的保护与禁止利用,而是从持续利用的角度对于湖泊进行适度的管理。为了湖泊生态系统健康及湖泊资源的可持续利用,需要根据湖泊的具体情况加强对湖泊生态系统的管理,而管理界限或管理范围的适度自然是适

---

① 本文是在湖北省人大法律工作委员会委托立法项目——《湖北省湖泊保护条例(专家建议稿)》调研报告基础上形成的理论研究成果,文中部分观点被最终通过的《条例》吸纳。本文曾部分发表于《湖北经济学院学报》2013 年第 2 期。

* 刘佳奇,辽宁大学法学院讲师,湖北水事研究中心兼职研究员。

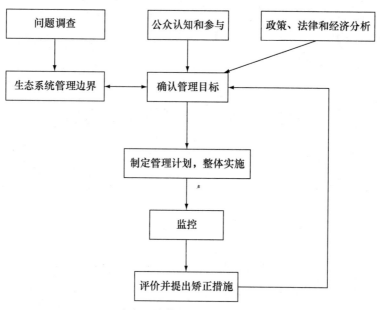

生态系统管理的方法步骤图

度管理的应有手段和方式。

(二)界面控制理论——在哪划线?

界面是相互作用、相互联系的事物或系统之间共同的部分或联系的渠道,界面上的人类活动常常是产生环境问题的重要原因之一。界面控制理论要求环境管理工作应当把注意力首先集中在界面上的活动,必须紧紧抓住对人类在界面上活动的协调,才能使人与自然的关系逐渐和谐。目前我国湖泊的现状不容乐观:数量减少、面积减小、水质下降等问题普遍存在,而围湖造田、填湖造地、入湖排污等人类的活动正是湖泊存在上述问题的根源。因此,要实现对湖泊的保护,必须对人类的活动,特别是人类生产生活与湖泊生态系统的界面上行为加以管理和控制。换言之,人类生产生活与湖泊生态系统的界面就是加强对湖泊保护的核心区域,应当被明确地划定出来加以重点的保护与管理。

(三)"生物圈保护理论"——如何划线?

生物圈保护区是联合国教科文组织"人与生物圈"研究计划自然区域遗传资源保护专题的专家们,在1971年研究当时保护区的情况后所提出的一个崭新的概念;由于它是"人与生物圈"研究计划的成果,而且也显示出保护区与人类密切的关系,因而得名。而保护区内划分功能区域是生物圈保护区一个独特的精华所在,它的目的在于解决保护和发展同步进行可能出现的矛盾。具体而言,生物圈保护理论将保护区划分成为核心区、缓冲区、试验区(后扩大为过渡区),它的最主要特点就是要求保护区的管理要把保护和发展密切结合起来,它的基本任务就在于以保护为主,在不影响保护的前提下把保护与科研监测、教育培训、资源持续利用和生态旅游结合起来,使各项任务各得其所,以避免或缓解在实践中保护和发展可能产生的矛盾。生物圈保护理论在我国的相关立法中已有体现,如《自然保护区条例》第 18 条规定:"自然保护区可以分为核心区、缓冲区和实验区。"

湖泊兼有调蓄、生态、纳污、通航、养殖、美学、生物多样性等诸多功能,无论是历史上还是当今社会,湖泊及其周边区域都是人类活动最为密集和频繁的区域之一。因此,保护湖泊不可能是完全的封闭管理和禁止,必须将湖泊的保护与发展结合起来。生物圈保护理论无疑为湖泊的保护与发展相结合提供了路径——通过划定不同的保护区域,在不影响保护的前提下将保护与发展结合起来,从而实现人与自然的和谐发展。

二、对湖泊保护范围划定所涉关系分析

著名的法学家赫克一针见血地指出:利益是法律的产生之源,利益是法律规范产生的根本动因,法律命令源于各种利益的冲击。湖泊保护范围立法也不例外,之所以在立法上设计湖泊保护范围制度及法律规则,主要就是解决与之相关的各种利益的博弈。因此,分析利益各方的关系、协调各种利益的关系就成为湖泊保护范围立法的关键。

(一)生态保护与经济发展之间的关系

人类对于湖泊的认识,起初看重的主要是湖泊在调蓄、养殖、通航、旅游、建设等经济上的价值,但过度地、无序地开发利用湖泊的经济价值,导致湖泊更为重要的价值——生态价值大受影响:目前,我国大多数湖泊普遍存在生境退化、开发过度、生物多样性减少、水体富营养化等问题。湖泊生态功能的减损反过来也制约了其经济功能的发挥,遂人类逐步认识到保护优先的重要性。但保护不意味着也不可能是一味的禁止利用,因为湖泊及其周边自古以来就是最适宜人类生存的区域之一,人类对湖泊资源的开发活动不可避免地影响着湖泊生态环境。这就要求湖泊保护必须处理好生态保护与经济发展之间的关系,反映在立法上就是必须解决湖泊生态利益与经济利益之间的协调发展关系。湖泊保护范围划定正是协调这两种利益关系的重要制度:一方面通过保护范围的划定,通过保护范围内外的差异化制度设计,确保维持湖泊生态功能的最基本区域要求;另一方面,在确保最基本的生态保护需要基础上不是一味的禁止,而是有条件、分区域的限制开发利用。通过保护范围内不同区域的差异化制度设计,实现生态保护与经济开发利用的协调。

(二)公民与政府之间的关系

公民是国家的主人,有享受环境的权利,因此公民将权利让渡一部分给政府,由政府负责环境事务的管理。湖泊的保护与管理也是政府的一项职责,因此政府作为公民权利的"受托主体"必须履行自己的职责,忠实地保护湖泊、管理湖泊,为权利的"归属主体"创造良好的环境。与此同时,公民让渡自身的权利于政府,在享受湖泊环境的同时也需要承担保护湖泊环境的义务,对于自身的违法行为、破坏湖泊保护的行为也就应当接受政

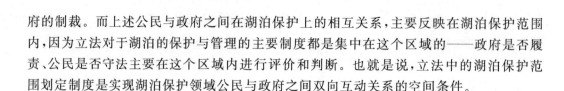

府的制裁。而上述公民与政府之间在湖泊保护上的相互关系，主要反映在湖泊保护范围内，因为立法对于湖泊的保护与管理的主要制度都是集中在这个区域的——政府是否履责、公民是否守法主要在这个区域内进行评价和判断。也就是说，立法中的湖泊保护范围划定制度是实现湖泊保护领域公民与政府之间双向互动关系的空间条件。

（三）政府之间的关系

湖泊保护范围的设定对于政府之间关系的处理也十分重要：首先，处理上下级政府之间的关系。湖泊作为生态整体各地地方政府对湖泊的保护负有当然的责任，我国相关立法中也确立了地方政府的责任制、考核制作为衡量和约束政府实现湖泊保护职能的制度。立法上湖泊保护范围的划定正是落实各级地方政府责任制、考核制的基础，因为考核、问责的依据就是保护范围内湖泊保护的水平和状况。换言之，湖泊保护的范围也是各级地方政府湖泊保护责任制的区域范围。其次，互不隶属的政府间的关系。环境问题的产生，其中一个重要原因就是"搭便车"，因为湖泊是一个整体，如果一地大力保护湖泊、加大投入维护湖泊，但另一地却继续破坏或坐享其他地区的投入成效，实际上是不利于区域间的环境公平的。而湖泊保护范围在立法上一旦确定，特别对于跨区域湖泊所在的互不隶属的各地政府而言，均需遵照立法确定的保护范围按照立法规定的统一标准和制度保护湖泊、管理湖泊，这样就可以防治互不隶属的政府间在湖泊保护问题上"搭便车"的现象，有利于解决互不隶属的政府间在湖泊保护与开发、投入与收益上的关系。

（四）政府职能部门之间的关系

我国目前职能分割的湖泊管理体制导致水利、环保、农业、林业、交通、国土等多部门在湖泊保护的问题上都有职责，但都无法单独履行湖泊保护的所有职责，出现了"九龙治湖"的现象。有关湖泊的问题，很大程度上是由于管理失效所致，而管理失效在很大程度上又是由于管理体制存在缺陷所致。要管好湖就必须处理和解决好政府各职能部门之间在湖泊保护与管理上的关系，即湖泊管理体制的问题。而无论确立何种管理体制，各职能部门的关系主要还是在湖泊保护范围内进行协调、处理、整合，因为各部门实现其自身职能和部门利益，对湖泊进行管理的制度、手段、方式均集中在这个区域。更为重要的是，湖泊保护范围划定本身就是对政府职能部门关系和利益的协调，因为湖泊保护是一个系统性、整体性工程，任何一个部门无法单独划定湖泊保护范围，必须在各部门充分协商、沟通、整合的基础上综合划定，其实各部门协商划定保护范围、最终在立法上确定保护范围的过程本身就是政府各职能部门之间关系和利益的协调和处理过程。通过湖泊保护范围划定的过程以及最终的结果，实现政府各职能部门之间的沟通与协调，有利于理顺其相互之间的关系、整合其相互之间的利益。

三、湖泊保护范围划定在立法中存在的问题及原因分析

我国湖泊保护立法虽然起步较晚，但近年来也发展很快，如江苏省、南昌市、武汉市

都出台了地方综合性湖泊保护条例；对于太湖，还出台了层级更高的《太湖流域管理条例》；对于滇池、青山湖等湖泊，甚至出台了该湖泊的专门立法；湖北省也正在制定湖泊立法解决"千湖之省"的湖泊保护问题。但通过对上述立法的分析我们发现，立法中对于湖泊保护范围划定这个湖泊立法重要的空间基础和"抓手"并没有科学、明确的立法，尚存在相当大的问题，这直接制约了湖泊立法的实际效果。

（一）湖泊保护范围划定在立法中存在的问题

1. 湖泊保护范围划定的层次不足

依据"生物圈保护理论"，对于生态系统的保护理论上一般分为核心区、缓冲区和过渡区，尽管在立法的表述上不需要完全依照理论上的称谓，但在立法中至少应当有对应的称谓与理论上的区域划定相一致。但目前我国湖泊保护立法对于划定层次的规定明显不足，如《江苏省湖泊保护条例》只规定了"湖泊保护范围"一个层次，其中的"湖泊禁采区"仅限于"禁止采砂、取土、采石"，保护范围与禁采区的关系也不明确。又如《南昌市城市湖泊管理条例》中规定："城市湖泊保护范围分为保护区和控制区"，这实际是只将湖泊保护范围划了两个层次。再如《云南省大理白族自治州洱海保护管理条例》第3条规定："洱海保护管理范围为洱海主要流域，包括洱海湖区和径流区。"实际上也仅将湖泊保护范围划定为两个区域。保护范围划定的层次不足，不利于对不同区域实施差别化的管理和保护。

2. 湖泊保护范围划定缺乏必要的标准

湖泊保护范围划定的标准是实现区域划分的手段，如果立法上对划分标准规定不明确甚至缺乏标准的规定，那么即使立法中规定了所谓的保护范围，也会因为缺乏划定标准而成为一纸空文。如《云南省抚仙湖保护条例》规定："抚仙湖保护范围按照功能和保护要求，划分为下列两个区域：（一）一级保护区，包括水域和湖滨带。水域是指抚仙湖最高蓄水位以下的区域，湖滨带是指最高蓄水位沿地表向外水平延伸100米的范围。（二）二级保护区，是指一级保护区以外集水区以内的范围。"解读法条的规定可知，该《条例》将抚仙湖的保护范围划定为"一级保护区"和"一级保护区以外的集水区"两层区域。其中，《条例》对一级保护区的范围有较为具体的规定，但是对二级保护区的划定则缺少明确的规定。因为"集水区"无法仅以简单的面积来确定，可能因人、因时而异，这势必造成执法依据的不确定。又如《南昌市青山湖保护条例》规定："青山湖保护范围是指：东至排水东渠外延50米，南至南京东路，西至洪都北大道，北至青山北路范围内的水域和陆地。其中，东至排水东渠外延3米，南至湖滨南路（含围墙）、南京东路，西至湖滨西二路（含湖滨西二路）、排水西渠外延3米、洪都北大道，北至青山园围墙（含围墙）、青山北路范围内的水域和陆地为保护区，保护区以外的区域为控制区。"其中对于保护区的范围规定得非常详尽，但是对于控制区的范围却缺乏明确的规定，实际上控制区的范围也不能是无限制的，但立法上并没有规定明确的划定标准。

3. 划定湖泊保护范围的主体不明

目前立法中，划定湖泊保护范围的主体主要包括：第一，水行政主管部门会同有关部门，如《江苏省湖泊保护条例》规定："县级以上水行政主管部门应当会同有关部门按照湖泊保护规划划定湖泊的具体保护范围，设立保护标志。"第二，水行政主管部门，如《武汉市湖泊保护条例》规定："市、区水行政主管部门应当对湖泊进行勘界，划定湖泊规划控制范围，设立保护标志，标明保护范围和责任单位。"第三，地方人民政府，如《昆明市湖泊沿岸公共空间保护规定》规定："市、县（区）人民政府应当采取有效措施切实保护湖泊流域公共空间，维护湖泊生态系统的完整性。"各地区对于划定湖泊保护范围的主体尚没有形成统一的立法规定，究竟是哪个部门、哪些部门还是政府负责划定湖泊保护范围，各地立法莫衷一是。

（二）对问题原因的分析

1. 对湖泊生态系统理解的片面性

根据生态系统管理的理论，湖泊生态系统是一个开放性的系统，湖泊生态系统的管理目标也是"适度型管理"。需要在保护的前提下，将湖泊的各类功能加以整合，而不是仅仅把湖泊视为一个封闭的区域严格限制。但目前的立法对于湖泊生态系统的理解存在片面性，反映在湖泊保护范围划定的问题上就是只重视对于所谓的"保护区""保护范围"的划定，法律规定也主要集中于对这个区域各类行为的"禁止"和限制，而忽视对于保护区以外的缓冲区、过渡区的立法规定。实际上，对于湖泊保护的"核心区"的保护和管理，立法上和实践中已经不存在争议，关键问题是"核心区"以外的区域，这些区域对于"核心区"的保护意义重大，同时又是人类活动与湖泊生态系统的界面，更需要立法的关注和明确规定，但目前的湖泊立法显然没有完全做到这一点。

2. 湖泊保护立法的定位不准

目前我国湖泊立法大体有两种模式：一是"千湖一法"，即针对本区域所有湖泊制定一部统一的立法，如《武汉市湖泊保护条例》；二是"一湖一法"，即针对某些特定的湖泊制定专门的立法，如《云南省滇池保护条例》。但无论哪一种立法模式，都存在立法定位不准的问题，即何为湖泊立法应当主要解决的问题不明确。目前的立法，重点在于设计禁止性或限制性的条款，通过这些条款的确立来限制人类开发利用湖泊的行为，力图通过限制人类的行为达到保护湖泊的目的。诚然，明确这些条款确实重要，但更为重要的立法内容却被忽视了——这些条款在什么样的区域发挥作用的问题。正如上文中列举的立法例，立法中仅仅泛泛地规定"集水区""控制区""保护区"而缺乏必要的划定保护范围的标准，即使再具体、再明确的保护措施也失去了法律实施的空间基础。实际上，湖泊保护立法的定位不应当局限在具体的保护措施上，因为依据我国相关的上位立法和各地区与湖泊保护有关的立法，绝大部分的具体措施都有上位法或本地方立法的明确规定，无须湖泊保护立法过多地重复说明。真正立法的重点是要明确这些已有的具体措施应当在什么样的范围内实施，即湖泊保护范围划定的问题。进一步说，湖泊保护立法的定位在于划定具体保护措施实施的范围而不是对具体保护措施的重复规定。

3. 部门立法下的部门利益

目前我国水事的立法，一般都规定水利部门为该法律法规的主管部门，如《水法》《防洪法》《河道管理条例》等。这虽然符合我国水事管理的历史以及既有的立法依据,但仍然无法摆脱部门立法下对部门利益的追求。作者无意质疑水行政主管部门在湖泊保护中的主导地位和作用,但问题的关键在于湖泊是一个多功能、多价值的生态综合体。水利部门按照现行法律法规对湖泊进行管理主要是针对调蓄、防洪等功能,对于湖泊的旅游、水质、养殖、水生态、通航等其他功能涉猎较少。而这些功能一般是由旅游、环保、农(渔)业、林业、交通等部门负责的,因为与湖泊的这些功能有关的立法也是部门立法,也是由旅游等相关部门负责制定的,制定中考虑的也主要是本部门的利益。我国部门立法下对本部门利益的追求反映在湖泊保护范围划定的问题上就是只注重单一功能的保护,忽视对其他功能的保护。如水利部门负责制定的《江苏省湖泊保护条例》划定的"禁采区"显然是依据《防洪法》和《河道管理条例》的规定,针对防洪、防汛对河道管理的需要划定的,其功能仅仅满足水利部门自身的管理需要却无法满足对于其他功能保护和管理的需要。由武汉市水利部门制定的《武汉市湖泊保护条例》将湖泊控制范围划定的职权交给了自己,但实际上湖泊控制范围涉及湖泊功能的众多方面和诸多部门,按照现行的部门立法,一个水利部门显然是无法完全管理和掌握的。

四、完善我国湖泊保护范围划定的立法建议

(一)明确湖泊保护范围划定的层次

立法上如何划定保护范围、湖泊保护范围究竟应当分为几个层次,目前我国的湖泊立法没有形成统一的立法模式。实际上,从自然科学的角度,对于湖泊保护范围划定层次问题已经有了比较科学的研究成果,即将湖泊保护范围分成湖泊水域、湖滨带、缓冲带三大区域。其中,湖泊水域是湖泊得以存在的关键,湖滨带是湖泊水陆生态的交错地带,缓冲带是湖泊一定水位线之上的沿湖部分陆域地域。立法实践中,《武汉市湖泊保护条例》就将湖泊保护范围划定为"水域、绿化用地、外围控制范围"三个层次,与自然科学的划分层次基本相符。根据自然科学的研究成果以及既有的立法经验,我们认为湖泊保护范围应当划分为三个层次:第一层次是湖泊水域,这是湖泊保护范围的核心区,因为水体是湖泊得以存在的基础,没有水就谈不上湖泊,所以保护湖泊首先要保护湖泊水域。第二层次是湖滨带,是湖泊水陆生态交错缓冲区域,是湖泊生态系统管理的关键区域,要加以重点的保护。尤其要充分考虑水域与陆地的整体性,加强自然湖岸、湖畔林等贵重自然区域的保护,控制基础设施建设滞后的无序的城市扩张。第三层次是缓冲带,是人类生产生活与湖泊生态系统之间的必要缓冲区域,需要对本区域的人类活动进行必要的控制。

(二)明确湖泊保护范围划定的基本标准

无论是"千湖一法",还是"一湖一法",我国湖泊立法对于湖泊保护条例划定的标准大都囿于立法定位不准而缺乏明确规定。在将湖泊保护范围划分为湖泊水域、保护区、

控制区三个层次的基础上，立法应当重点加强对于三个区域如何具体划定的规定，为之后的具体措施提供空间基础。

首先，湖泊水域的划定标准。《武汉市湖泊保护条例实施细则》规定"湖泊水域线为湖泊最高控制水位"，而《江苏省湖泊保护条例》则规定"湖泊保护范围为湖泊设计洪水位以下的区域"。这实际上是两个不同的概念，造成对于湖泊水域划分标准不一致的原因主要是各地区洪水位的差异，但武汉市如果也依据最高洪水位划定湖泊水域面积，则武汉市大部分陆地面积均将被包含在这个区域内，会出现保护范围过度扩张的情况。故从理论上讲，湖泊水域面积的边界应当被界定为"最高控制水位"。而"最高控制水位"可以是最高洪水位，也可以根据本地区的情况具体设计。这样即有利于立法的统一性，又照顾了各地区湖泊的差异性。

其次，湖泊保护区的划定标准。湖泊保护区是湖泊保护中需要重点保护的区域，因此立法中必须对于保护区的范围加以明确。如《武汉市湖泊保护条例实施细则》规定："湖泊绿化用地线以湖泊水域线为基线，向外延伸不少于 30 米"，也就是说湖泊保护区的范围是水域线以外不少于 30 米的区域。这样的规定优势有二：首先是范围明确，其次是确定性与原则性相结合。立法设定了保护区划定范围的最低标准，一方面可以满足保护区最起码的宽度要求，另一方面可以依法设立更宽的保护范围，提升对湖泊的保护水平。因此，建议湖泊立法借鉴武汉市的立法经验，规定湖泊保护区以湖泊水域线为基线，向外延伸不少于若干距离。具体的距离可以根据自然科学研究成果，综合本地区经济社会发展水平和湖泊保护的需要在立法中加以确定。

最后，湖泊控制区的划定。湖泊控制区的划定是立法中最需要加强的环节，目前对于控制区立法比较明确的仅有《武汉市湖泊整治管理办法》，该办法规定："湖泊外围控制范围以湖泊绿化用地线为基线，向岸上延伸不少于 300 米。"这样的规定考虑了湖泊保护的要求，看起来也具有整齐划一的优点。但是，这种划线在看似可操作性强的背后却面临着困境：湖泊的保护范围与湖泊的功能定位直接相关，将作为饮用水源的湖泊与作为养殖水体的湖泊统一划定保护范围显然存在问题。从法律上看，相关上位法对于不同功能的水体保护也有不同的要求，如《水污染防治法》对饮用水源保护区的划定有明确要求，《自然保护区条例》对自然保护区的划定有明确规定，这些规定对于作为饮用水源的湖泊和作为自然保护区、风景名胜区的湖泊当然也是适用的。如果硬性规定几条"线"，则可能出现与相关法的冲突以及实施效果达不到立法目的的问题。

因此，建议在立法中应当明确划定湖泊控制区的基本原则而不是具体标准，对控制区具体的划定应当根据湖泊的不同情况和功能进行有针对性的划定。建议立法规定湖泊控制区在湖泊保护区外围根据湖泊保护的需要划定，原则上不少于保护区外围一定宽度的范围。这样规定一方面保证了湖泊立法与自然保护区等相关立法的协调，另一方面在立法中规定一个控制区的最低宽度标准也给各地区、各重点湖泊因地、因湖划定控制区预留了空间。

（三）明确湖泊保护范围划定主体

由于湖泊生态系统的整体性、湖泊功能的多样性和立法的部门立法分割，导致实际上任何一个部门都无法单独通过划定湖泊保护范围实现对湖泊的保护。水行政主管部门虽然被立法赋予主管的地位,但仍然需要在湖泊保护划定问题上充分吸收同级其他有关部门的意见。而且湖泊保护作为一个整体性、系统性的工程,最终应当由各级人民政府决定对保护范围的划定并以各级人民政府的名义予以公布。理由是我国《环境保护法》第 6 条规定:"地方各级人民政府应当对本行政区域的环境质量负责。"政府的负责是对环境整体质量的负责,而湖泊保护正是对一个有机的环境生态整体的保护。湖泊保护立法不是仅仅针对湖泊的某一项或某几项功能的保护,而是从生态的、系统的、整体的高度对湖泊进行保护,而整体保护的职责法律已经赋予地方各级人民政府。故建议立法中应当既要明确各部门在划定保护范围中的地位和作用,又要明确划定保护范围的主体。具体说来,县级以上地方人民政府的水行政主管部门应当负责拟定湖泊保护范围,征求同级其他有关部门意见后,报同级人民政府批准并公布实施。这样的规定既保证了水行政主管部门在湖泊保护中的主管地位(牵头),又可以充分发挥相关部门的自身优势和职能属性,还体现了地方政府对环境整体负责的法律规定。

跨区域湖泊管理体制的实践与完善

李俊辉　华　平*

一、引　　言

湖泊是生态保护的基础要素,是一方经济社会可持续发展的重要力量。跨区域湖泊在惠及周边地区的同时,也往往因为不同地区的管理重视程度、经济发展方式和防污控排力度的不同,而出现体制难统一、顽疾难根治、效果难持续的问题。构建完整有效的协作机制,在有序开发利用湖泊资源的同时,协调、高效地保护跨区域湖泊,避免因为体制机制建设的不到位而酿成"湖缩水苦"的悲剧,是当前湖泊管理界普遍关注的一大热点。

二、跨区域湖泊管理存在的难题

湖北省长湖跨越荆门、荆州、潜江三市,东西长30 km,南北最宽18 km,一般蓄水面积122.5 km²,蓄水量2.71亿 m³,泽惠人口近150万人,其中以长湖为生的渔民有近8000人。新中国成立之初,长湖作为湖北四湖(长湖、三湖、白露湖、洪湖)之一,被纳入四湖流域进行整体管理和治理。1955年,湖北成立四湖排水指挥部,在省政府直接领导下管理四湖水务。1962年,成立荆州地区四湖工程管理局,对四湖流域实行统一规划、建设、治理和开发利用。1983年、1994年,两次行政区划调整,荆门、潜江分别从荆州划出,长湖因此成为跨越三市的跨区域湖泊,管理体制也因此日趋零散。2005年,为加强协调,省政府又成立湖北省四湖流域管理委员会,负责四湖流域的防汛排涝调度和水利管理,四湖流域管理委员会办公室设在荆州四湖工程管理局。尽管三市党委、政府都非常重视长湖的保护与管理工作,涉及长湖管理的水利、水产、林业、环保等部门也相应履行了应尽的职责,但受制于不同行业、不同地域的不同政策,长湖保护与管理也面临着一系列问题。

---

　　* 李俊辉,男,湖北省水利厅经济办副主任、湖泊工作专班负责人,水利电力专业高级工程师;华平,男,湖北省湖泊局工程师。

（一）水资源难调度，防汛抗旱矛盾突出

由于分地区、分部门、分级别管理，防汛抗旱时需要同时调度多处水利设施，荆州、荆门、潜江三市和江汉油田管理局地理位置不同、保护对象不同，对洪水蓄泄方式、抗旱水量分配等存在明显不同的意见，各自从局部利益出发，不愿"牺牲"自己而造福他人，左右岸、上下游、城市与农村的供排水矛盾时常突显；防汛抗旱、水产养殖、生态用水不同功能对水位控制要求也不同，难以取得一致意见。

（二）水污染难防治，防汛控排手段薄弱

长湖近半水域围栏养殖，农业药剂和工业废水、周边居民生活污水排放等成为长湖的主要污染源。2011 年环保监测数据显示，长湖上游荆门市监测点位的水质 COD、氟化物、总磷、高锰酸盐指数、BOD5 均超标，水质为劣Ⅳ类，为中度富营养化；下游出水口处的刘岭闸、习家口和长硝中部及大湖湖心的水质较好，在Ⅲ类水质标准以内。2012 年 3 月沙洋县后港长湖水质监测站监测数据显示，后港段总氮、氟化物、化学需氧量超标。尽管三市环保部门都有水质监测站点，但对污染防控的管理权限和查处手段都极其有限，防控效果不佳。

（三）水开发难管理，生态保护任重道远

起始于 20 世纪八九十年代的大面积围栏养殖至今还有近 9 万亩，占长湖水面积近 50%，大大超出国家和省关于大中型湖泊围栏养殖面积不得超过总面积 10% 的规定。过度围栏养殖造成水体富营养化和水生态环境恶化，也给渔业资源保护造成严重影响，围栏林立，湖面被严重分割，仅留不足 10 m 狭窄航道，水生植物和珍稀水鸟几乎绝迹，渔民因养殖、捕鱼纠纷时常发生械斗。起始于 20 世纪 80 年代中期的垦湖造田，使得大小民垸建设杂乱无序，有的地方把堤防保护范围内的堤段作为耕地面积分到农户，加剧了长湖面积的萎缩。

三、跨区域湖泊难管理的主要原因

（一）经费投入不到位

经费投入不到位是造成长湖保护和管理诸多难题产生的主要原因。尽管湖北省财政对四湖流域水利工程维修养护费和大型泵站排涝费给予了定额补助，但各地财力有限，对水利工程未按成本给予足够的运行补偿，导致水管单位资金缺口大，无力足额实施工程维修养护，许多工程年久失修，老化严重，水资源调节、水质保护、水污染防治等难以为继。人头经费投入使得水管单位运转困难，职工待遇很低，高水平技术和管理人才难引进，管理设施和技术手段落后，工作效率低、运行成本高。

（二）协同管理不到位

由于没有强有力的共同上级进行指挥调度，使得长湖管理条块分割、部门专政明显，宝贵的湖泊资源被人为地消耗和浪费。各部门管理权限不同，从部门和地区需要出发，对湖泊价值、功能的判断各执一词，使得各自管理长湖所要达到的目标不同，所采取的手段也不同，甚至互相矛盾。没有全流域统一管理机构，当不同的区域、部门、功能存在不同需求或发生矛盾时，没有单位进行组织协调，致使管理效果大打折扣。另外，缺乏社会参与机制，受益户不参与长湖管理，群众在管理中的需求和作用得不到重视，也使得长湖管理成为"部门间的游戏"，与真正"靠湖吃湖"的渔民、周边居民以及相关企业没有形成互动，服务与管理分离，民主决策、民主管理的巨大潜力没有得到必要的发挥。

（三）责任落实不到位

涉及长湖管理的潜江、荆州、荆门三市各相关部门，对湖泊水域岸线、水产养殖、生态维护、环保治污、湿地管理、交通航运等方面的管理责任，相关法律法规和规范性文件已有比较清晰的界定，长湖管理不到位的主要问题不是责任不清，而是责任不落实。尤其在跨越三市的情况下，究责体制未整合，力度不一，使得各项保护管理责任被人为地区别对待，不同地区、不同单位往往趋利避害，出现问题互相指责，对填湖造地、工业排污、围栏养殖等控制不严、查处不力，保局部而损大局。特别是没有统一的监督机制，没有完整的目标责任考核体系，使得各地各部门执行制度流于形式，查处问题畏首畏尾，许多事情被人为地"不了了之"或"搁置争议，先行开发"。

上述投入、管理和责任三方面的原因，是一个整体，其他非跨区域湖泊也或多或少存在相应问题，跨区域湖泊则表现得更加突出，其根本不在于多头管理，而在于责任落实，关键是要重视到位并投入到位，最终要统一协调机制，各负其责，各尽其职。

四、完善跨区域湖泊管理体制的几点建议

（一）管理体制上的突破

从最大限度保护长湖资源、发挥长湖功能出发，全面深入地理顺各级各部门的长湖管理体制。我国《水法》明确规定，国家对水资源管理实行流域管理与行政区域管理相结合的管理体制。据此对分散在各地各部门的湖泊管理权限进行上收整合，于法有据，于势有需，应抓紧实施。比如长湖，与洪湖经过多年磨合，两者蓄泄兼筹，丰枯调剂，已成为一个不可分割的防洪抗旱、生态维护的系统工程。完全可以坚持流域一体管理原则，将荆州市四湖工程管理局整体上收省管，恢复并强化其流域管理职能，统一管理好四湖流域，主要负责长湖的水域、岸线保护，水资源的管理、监督，统筹协调长湖的防洪排涝、灌溉供水，水政监察和水行政执法工作。在统一主体的前提下，可以在有关市县、有关部门派驻相应的分支机构，负责专管某一区域、某一方面的长湖事务，经费和编制由省属局统

一管理，接受所在地、所在部门的业务管理。

（二）管理力度上的突破

对长湖进行深入的调查研究，准确定位其湖泊功能，科学界定其保护目标和保护范围，进而提出开发利用控制规划。建立健全长湖日常巡查、监测、目标考核等制度，强化长湖保护日常监管工作。启动长湖水利综合治理工程，进一步完善防洪体系，实施水生态修复工程和退田（渔）还湖工程。大力推进湖泊湿地公园建设，修复湖滨湿地，实施生态防林、水源涵养林工程。同时，采取生物控制、放养滤食鱼类、底栖生物移植等措施修复水域生态系统。加强长湖周边城镇生活污水的收集处理，强化工业污染源监督管理，推进长湖农业面源污染防治，取缔围网养殖。

（三）功能拓展上的突破

长湖的公益性功能主要有调洪蓄涝、灌溉供水、生态环境保护等，开发性功能主要有水产养殖、交通航运、旅游观光。公益性功能是基础，其他功能也要主动拓展。要探索建立涉湖项目生态补偿机制，按一定比例征收涉湖项目的生态补偿费。恢复四湖流域统一的水利体系，发挥总干渠、西干渠、东干渠、田关河等六大干渠的水利功能，形成更加完整的防洪、排涝、灌溉工程体系。只有通过功能拓展使长湖资源运作进入新阶段，才能使投入更有意义，管理更有动力，保护更有效果。

总而言之，全国有数百个类似长湖这样的跨区域湖泊，从其跨区域的主要特点出发，切实加强对跨区域湖泊管理体制和机制的探索与实践，因湖制宜、与时俱进，最终实现跨区域湖泊的高效管理、持续利用，意义重大。

现行流域治理模式的延拓

——以《湖北省湖泊保护条例》为例①

吕忠梅　张忠民*

一、现行流域治理模式的问题

目前,学界对流域治理和流域管理并未做严格的区分,指称一致,治理(governance)即管理(management)②,是"对人类经济和社会活动的负责、监督和处理";并且研究成果主要集中在流域管理与行政管理相结合的模式以及国外流域管理模式推介上。本文也未刻意区分流域治理与流域管理,只不过采用治理一词,以期对单向度的、公权意味更浓的"管理"的抛却。

流域作为一个特定水系的集雨区域,其治理模式受制并源于一国的水资源管理体制机制。在我国,通过立法先后确立了两种流域治理模式③:一是 1988 年《水法》规定的"统一管理与分级、分部门管理相结合"的模式④;二是 2002 年《水法》所确立的"流域管理与行政区域管理相结合"的模式⑤。

从历史的过程看,第一种模式实际上是以分级、分部门管理为主,统一管理为辅,极易造成国家地方条块分割、流域内各行政区域和有关部门各行其是、统一管理形同虚设

---

① 本文经过修改和删减后,以"分级分区域为核心构建重点流域水污染防治新模式"为题发表在《环境保护》2013 年第 15 期。

* 吕忠梅,湖北省政协副主席,湖北经济学院院长,湖北水事研究中心主任;张忠民,中南财经政法大学法学院副教授,法学博士。

② 这个判断来自于中国知网(www.cnki.net)的检索,方法是分别以"流域治理"和"流域管理"为标题进行检索,几乎未见对于两者区别的着墨。截止 2012 年 9 月 20 日,只有一篇文章涉及两者的区别,即胡德胜、潘怀平、许胜晴:"创新流域治理机制应以流域管理政务平台为抓手",载《环境保护》,2012 年第 13 期。

③ 需要强调的是,对于涵盖水质、水量、水环境等因素的水的管理,涉及若干法律部门。其中,《中华人民共和国水法》(以下简称《水法》)偏向于水资源管理(水量)、《中华人民共和国水污染防治法》(以下简称《水污染防治法》)侧重于水质、《中华人民共和国环境保护法》(以下简称《环境保护法》)和《中华人民共和国水土保持法》(以下简称《水土保持法》)等侧重水环境。因此,严格来说,流域治理模式绝非仅由《水法》所确立,只不过从主管机关的设置、流域管理规定的密集度等方面看,《水法》又是其中最为关紧的法律部门。

④ 参见 1988 年《水法》第 9 条。

⑤ 参见 2002 年《水法》第 12 条。

等弊端,因此,这一模式受到了激烈的批评,学者们提出了强化统一管理,提升流域管理机构的权威、实施流域直接管理的改革思路。在2002年修订《水法》时,立法者部分吸纳了学者的意见,对中国的水资源管理体制进行了改良,于是,出现了第二种模式,这种模式一方面强化了水资源的流域管理职责,另一方面也强调了水资源行政区域管理的作用。然而,这种模式,在实践中却出现了一些问题。

首先,流域管理主体不明。在我国,国家设立了八大流域委员会,作为水利部的派出机构,在很长时间内主要是承担专业技术支持、业务咨询任务。在《防洪法》制定时,开始赋予其一定的行政管理职权。2002年《水法》修订时,更加重视流域机构的地位和作用,规定"国务院水行政主管部门在国家确定的重要江河、湖泊设立的流域管理机构,在所管辖的范围内行使法律、行政法规规定的和国务院水行政主管部门授予的水资源管理和监督职责"[①],并且具体赋予了流域管理机构在水资源规划的编制、水资源的动态监测、水工程建设项目的审查、水功能区的划分、在江河和湖泊新建及改建或者扩建排污口的审查、对水工程实施保护、跨省水量分配方案和水量调度预案的制订、取水许可制度的实施、水事纠纷处理和执法监督检查及水行政处罚等方面的职权。[②] 但是,由于这些规定较为笼统,并且大多与行政区域的水行政主管部门所共享,也缺乏可操作的配套法规,流域管理机构的职责权限一直没有厘清,权力的运行方式也没有得到落实。因此,尽管2002年《水法》是"迄今对流域管理法律地位规定最明确,对流域管理机构职责规定最集中的一部法律"但在实践中,流域管理机构作为水利部派出机构地位"尴尬",其原有的专业技术支持与现有的行政执法权之间的关系不明,《水法》所确定的流域机构的管理权限难以落实。

其次,行政区域管理主体不清。在区域管理方面,2002年《水法》延续了原来的体制,即"国务院水行政主管部门负责全国水资源的统一管理和监督工作";"县级以上地方人民政府水行政主管部门按照规定的权限,负责本行政区域内水资源的统一管理和监督工作"。[③] 同时,规定了其他部门的管理权限,即"国务院有关部门按照职责分工,负责水资源开发、利用、节约和保护的有关工作。县级以上地方人民政府有关部门按照职责分工,负责本行政区域内水资源开发、利用、节约和保护的有关工作"。[④] 但是,有关部门的"职责分工"是什么?不同部门之间的职权行使遵循何种规则和程序,再难找到更为详尽的职权划分的相关规定了。实践中,涉及面广、多种类、多层级的管理主体,在缺乏协调机制和运行程序的情况下,无法逃离权力真空、权力重叠、权力竞争等境遇。

最后,流域管理与行政区域管理的关系不顺。流域管理主体与区域管理主体之间的权力应如何划分?相互间的关系应如何处理?2002年《水法》并未给出答案,只是笼统地规定一些职权由流域管理机构和水行政主管部门共享,至于如何共享、各自的权重如何、是否具备优先性以及权力冲突如何处理等,都未涉及,甚至都没有提及哪一级水行政主管部门与流域管理机构相"对接"。同时,涉及水资源管理的法律还有《环境保护法》《水

---

① 2002年《水法》第12条。
② 参见2002年《水法》第14、15、16、17、19、30、32、34、43、45、46、48、59、65、66、67、69、70、71、72条。
③ 2002年《水法》第12条。
④ 2002年《水法》第13条。

污染防治法》和《水土保持法》等,这些法律对于流域管理机构的规定,与《水法》也不完全一致。《环境保护法》和《水污染防治法》更加强调环境保护部门的统一监督管理,与《水法》所确立的水行政主管部门的统一管理形成"对峙"。水利部与环保部因水质监测报告数据不一致而导致的"口水战"因此而生。

我们认为,问题的症结依然在于权力分配的模糊化:一方面,横向上流域管理机构与相关水行政主管部门、环境保护主管部门等部门之间的职权模糊;另一方面,纵向上流域管理机构与各级水行政主管部门、环境保护主管部门等部门之间的职权模糊。而当下流域治理模式针对传统模式所做的权力重新分配的尝试,初衷虽然是为了打破部门间和地区间的壁垒,促进彼此间的配合,然而却忽视了诸多地方参与主体的诉求,极易打压其积极性和参与度,而使治理效果大打折扣。

二、流域分级、分区域治理模式的理论建构

如此,可能性的解决方案必须要破解两大难题:一是,以流域管理机构为中心,确保与周遭所可能涉及的部门之间的横向权力和纵向权力的划定清晰;二是,以地方区域为中心,保障从流域整体的角度所可能涉及的各方主体的公平和实质的参与。这并不容易,因为:单就身处其中的流域管理机构而言,不仅需要受制于中央有关部委,而且需要处理与地方有关部门之间的关系,加之彼此之间因为行政级别、所处地域、负责主体等方面的不同,导致错综复杂的关系重重,不易厘清。

(一) 分级、分区域治理的提出

那么,是抛弃现有模式进行彻底的改革还是在坚持现有模式的基础上进行适度的改良? 这主要取决于改革或者改良的成本与收益的分析。一般来说,改良的成本较低,但前提必须是现有模式还有存在的价值,可以进行改良,并且改良的效果并不劣于改革的效果。照此说来,现有流域管理与区域管理相结合的治理模式应当进行改良而非改革:第一,这种模式已经是针对原有模式的改革,顺应了流域的自然生态的统一性;第二,这种模式目前所反映的诸多问题并非模式本身所致,而是缺乏必要的细化和相关的配套而导致的模式的运行存在障碍。

因此,笔者提出两个方面渐进式的延拓,是为改良:第一,正视流域管理机构在纵向职权划分中的真实境遇,强调不同的境遇(比如级别)而享有不同的事权,而非一味地主张扩大流域管理机构的职权或者提升流域管理机构的地位。此中,须着重解决中央层面的分级问题,比如国务院、水利部、环保部、流域管理机构、区域环保督查中心等机构之间的权力划分。第二,强调地方区域的整体联动,主张地方政府的一体化责任和地方有关机关的配合与协作,不再着眼于水行政主管部门、环保行政主管部门等部门间的职权划分以及它们与流域管理机构之间的职权划分,而强调流域管理机构与一体化的地方政府之相对单一的关系。此中,仍须解决地方层面的分级问题,比如流域管理机构与省级或者市级,抑或县级行政区划的地方政府相对接,以及这些地方政府之间如何做到一体化

的问题。

这种改良,姑且称之为流域的分级、分区域的治理。事实上,它依旧是流域管理与行政管理相结合的流域治理模式,只不过进行了一些务实的深化:其一,仍然强调流域管理机构的关键地位——联结中央有关部委与地方有关区域,只不过因为与中央层面等主体的"分级"而导致的事权差异,不再苛求流域管理机构从事与其事权不符的"不切实际"的作为,此为"流域管理";其二,愈发重视和凸显地方区域的整体性作为和一体化责任,不再深究地方政府组成部门之间权限的划分,而主张地方政府"出合力"与"负总责",此为"行政管理";其三,流域管理机构是中央与地方沟通和协调的节点,充分发挥流域管理机构的职能、搭建良好顺畅的信息交换和利益分享平台,是流域管理与行政管理的当然结合点。

(二) 分级、分区域治理的原则

前已述及,"分级"主要解决中央层面权力的划分,"分区域"主要解决地方区域责任的总体承担。这种区分,根源于我国中央与地方的关系以及在流域治理中所扮演的不同角色。在单一制行政体制的背景之下,我国的中央政府与地方政府之间构成了既集权又分权的权力结构关系。地方政府作为中央政府的下级,在贯彻中央政策等方面扮演了执行者的角色,是中央政府在地方的代表;与此同时,地方政府作为地方区域的综合管理者和服务者,在统筹社会、经济、文化等事务方面,扮演了管理者的角色,代表了地方利益。在面对具备多重属性的流域时,中央政府与地方政府的偏好也会有所侧重。相对来说,中央政府立足全局,超脱一些,多偏好于流域的生态属性,希望流域整体的效益和福利得以增加而极力避免"以邻为壑""顾此失彼"等情况的发生;地方政府处于局部,更加直接一些,往往偏好于流域的经济属性,希冀自身从流域中获益而不论其他地区情况如何。

流域分级、分区域的治理模式,必须回应这种现实:在强调流域生态属性的问题上,坚持"分级";在侧重流域经济属性的问题上,主张"分区域"。具体说来,应当把握如下两大原则:

一是,在解决流域福祉的增量问题上适用"分级"。所谓流域福祉的增量,主要是现有的流域在经济、社会、生态等方面的各项改善。对于可能涉及这些改善的各项事项,应当适用分级原则,强调这些事项所关涉的公权在中央层面的划分。如此看来,分级的底线在省一级,因为省级政府同时充当了中央利益代表者的角色。

二是,在解决流域福祉的存量问题上适用"分区域"。所谓流域福祉的存量,主要是现有的流域在经济、社会、生态等方面的状况。对于可能涉及这些状况的公平分配和合理负担的各项事项,应当适用分区域原则,强调这些事项所关涉的事权在地方层面的统筹。如此看来,分区域的上限也在省一级,因为省级政府是最高的地方利益的当然代表者。

由此,不难看出,省级政府在流域治理中的关键作用。一方面,作为最低一级的中央政府的代表,与其他中央政府的代表相配合,从流域整体的高度,宏观地合理配置水环境资源及相关利益,使流域内不同区域间的水环境资源及相关利益趋于平衡;另一方面,作为地方政府,可以且应当发挥作用,即在水环境资源的微观配置中结合地方具体情况,在不同产业行业、不同主体之间进行相关权益或负担的分配,在区域范围内实现公平和效益。

（三）分级、分区域治理的节点

作为承上启下的不二选择,流域管理机构是分级、分区域治理的当然节点。因此,科学设定其各项职权,理清与其他部门尤其是省级政府之关系,是把握分级、分区域治理的关键。

从国际上看,目前流域管理机构大致有三类:一是协调的水资源理事会(Water Resources Council);二是规划和管理的流域管理委员会(River Basin Commission),比如澳大利亚墨累达令流域委员会;三是开发和管理的流域管理局(Valley Authority),比如美国田纳西流域管理局。相对来说,理事会模式最为松散,只议事协调,并不进行实际的控制和管理;而管理局模式最为紧密,拥有相关政策的制定、执行、管理、监督等较为全面的职能;而委员会模式介于两者其中,多依赖某项法律的授权而享有具体的权力、义务和责任。实际上,没有一种绝对普世的模式,采取哪种模式完全依赖于当地的经济、社会和生态的状况;并且,流域管理机构的各项职能也正在发生转变,比如从初期的数据采集与处理、项目的可行性评估及其运行管理等,到后来的水资源的配置和监督管理,再到晚近的经济、社会与环境等综合战略和决策的制定以及社区参与。因此,只能立足于本土和实际,在特定的时空内谈及流域管理机构的职能设置问题。

从中国流域管理机构设置的变迁史来看,从最早的中央控制的初步尝试(1949—1955),到后来的权力下放与中央控制的失败(1956—1979),再到现在的流域管理机构的重建(1979—),结合新旧《水法》对于流域管理模式的规定,不难发现,我们试图采取流域管理局的模式,实行集权制的强有力控制,然而现实却是流域管理机构最多只能发挥委员会的功能。对此,有意义的作为是最大化地挖掘和优化现有流域管理机构在委员会模式下的各种"潜能",而非片面地主张提升地位、扩充职权。否则,一来实施周期长、成本高昂,并不务实;二来依然没有跳出行政集权的路数、"命令—服从"的思维模式以及中央对地方既依赖又不信任的矛盾境地。

在流域治理中,参与方主要有三种类型:规则或者标准的制定者;资源和环境的管理者;运行和服务的提供者。前已述及的2002年《水法》规定的流域管理机构的若干职能,比如收集、调查、规划、管理、维护、监督等等,都或多或少地体现了这三类角色,只不过相对来说,当下,流域管理机构作为运行和服务的提供者,最为乏力。如若流域管理机构能充当好流域相关信息收集和获取、各参与方充分交流和沟通、各利益相关方协商和纠纷解决等事情的平台,则服务胜过于管理。此为流域管理机构在宏观上的角色定位。

在中观和微观领域,实际上主要是流域管理机构与省级政府的事权划分和配合。按照分级、分区域治理的理论,流域治理事权的初始分配主要仰仗于"分级原则",在国务院、水利部、环保部等中央层面予以分配,最低至省级政府;而相关事权的二次分配则遵循"分区域原则",在省级区域内进行统筹分配。两个原则的连接点在流域管理机构和省级政府,由它们直接对接。相对来说,流域管理机构充当更多的信息服务者、沟通平台提供者等服务角色,当然在管理角色的扮演上,侧重于流域的生态属性;省级政府更多充当总体承包者和责任者的角色,多着眼于流域的经济和社会属性的管理。具体说来,针对目前事权模糊的情况,至少需要厘清如下一些问题:出台水量分配方案,落实用水总量控制制度;建立和完善水功能区考评制度;规范涉河建设项目审批及其监督检查;细化取水许可和水资源费征收的范围及其责任;制定水量调度预案及其补偿方案;加强省际边界河流采砂的管理;落实涉河建设项目和取水许可等事项的监督;促进水文等流域环境信息的公开和共享。

三、流域分级、分区域治理模式的立法实践

2011 年,受湖北省人大法律工作委员会的委托,笔者所在的湖北省水事研究中心承担了起草《湖北省湖泊保护条例草案(专家建议稿)》(以下简称《专家建议稿》)的任务。我们组成了专门的课题组,一方面进行法律需求调查,走访了湖北省农业厅、环保厅、水利厅、林业厅、交通厅和武汉市水务局等单位和部门,赴武汉市、鄂州市、荆州市、宜昌市、十堰市等地进行了实地考察,对湖北省湖泊保护的基本现状、相关立法及其实施情况等方面进行了综合调研,发现了湖泊保护的法律需求;另一方面,对目前已有的相关法律法规和地方立法进行梳理分析,展开理论研究。调研的素材和理论研究的结果是相互印证的:一方面佐证了我们对于现行流域治理模式不足的概括,另一方面也呼应了流域分级、分区域治理模式的改良路径。于是,我们将流域分级、分区域治理的思路在《专家建议稿》中予以具体应用,2012 年 5 月 30 日湖北省第十一届人大常委会第三十次会议正式通过了《湖北省湖泊保护条例》(以下简称为《条例》),该条例已于 2012 年 10 月 1 日开始试行。

这意味着以地方立法的形式将分级、分区域治理的理念变成了正式的制度安排,主要体现在如下方面:

(一)按照分级原则细化各部门的职责

目前,国家多部法律规定了涉水部门对湖泊管理的权限。水利部门按照《水法》对湖泊的水资源管理负责,环保部门根据《水污染防治法》对湖泊的污染防治负责,农(渔)业部门根据《渔业法》对湖泊的水产养殖负责,林业部门根据《森林法》对湿地保护负责。在《条例》的立法调研中,各部门对于湖泊保护都表现出了很高的积极性,希望能够争做湖泊保护的主管部门,但这显然是不现实的。最后出台的《条例》确定了水行政主管部门为湖泊管理的主管部门,且要求其明确相应的管理机构作为湖泊保护的日常工作机关,与此同时,《条例》用了很长的篇幅分项详细列举了环境保护行政主管部门、农(渔)业行政主管部门、林业行政主管部门等部门的具体职责。① 此外,《条例》明确规定了省人民政府

---

① 参见《条例》第 7 条、第 8 条。

的一些法律义务，比如要求其确定和公布湖泊保护名录、确定跨行政区域湖泊的保护机构及其职责等。①

这样的制度设计是按照分级原则进行的：其一，通过处于"源头"的立法上详细的列举，尽可能地细化涉湖管理机关的职责，避免"下移"模糊化的规定而将实施的"困境"交由具体的执法者，这符合前述在尽可能高的层面（中央层面）力求划清职权的分级原则之要求。其二，在一部地方立法所管辖的最广的范围（省）内，由最高行政机关（省）确定保护的具体名录、跨行政区域的湖泊保护机构及其职责，关涉湖泊流域的可能性改善，属于流域福祉的增量问题。

（二）遵循分区域原则统筹政府总体责任

《条例》设置专章规定了政府责任，比如"县级以上人民政府应当加强对湖泊保护工作的领导，将湖泊保护工作纳入国民经济和社会发展规划，协调解决湖泊保护工作中的重大问题。跨行政区域的湖泊保护工作，由其共同的上一级人民政府和区域内的人民政府负责"。② 又如，"湖泊保护实行政府行政首长负责制。上级人民政府对下级人民政府湖泊保护工作实行年度目标考核，考核目标包括湖泊数量、面（容）积、水质、功能、水污染防治、生态等内容"。③ 再如，"省人民政府应当拟订湖泊重点水污染物排放总量削减和控制计划，逐级分解至县（市、区）人民政府，并落实到排污单位"。④

这些规定都是遵循分区域原则设计的：其一，将湖泊保护的各项责任"打包式"地交由当地政府，完成此次初试分配后，则由当地政府具体"操刀"，完成二次分配，统筹安排不同的部门分配和完成具体的任务。至于如何"操刀"，则是当地政府的自由，只不过以行政首长负责制和考核制予以保障。其二，各市、县政府在省级政府的统筹安排下，落实各项指标，分解相关任务，关涉湖泊流域现实状况的公平分配与合理分担，属于流域福祉的存量问题。

（三）采用治理模式强调主体协作和公众参与

《条例》要求"建立和完善湖泊保护的部门联动机制，实行由政府负责人召集，相关部门参加的湖泊保护联席会议制度"，并明确"联席会议由政府负责人主持，日常工作由水行政主管部门承担"。⑤ 并且设置专章规定了湖泊保护的监督和公众参与，比如"鼓励社会各界、非政府组织、湖泊保护志愿者参与湖泊保护、管理和监督工作。鼓励社会力量投资或者以其他方式投入湖泊保护"。⑥

这些内容将分级、分区域治理的理念进行了具体安排：其一，传统的流域管理模式强调集权式的命令和服从，以行政权的行使为核心，对于主体多元化和公众参与的重视不

---

① 参见《条例》第4条、第5条。
② 《条例》第5条。
③ 《条例》第6条。
④ 《条例》第30条。
⑤ 《条例》第9条。
⑥ 《条例》第54条。

够,晚近多中心治理的主张要求执法方面由单一主体走向多元主体联合执法,以"整合式执法"代替了"单一式执法",这与分级、分区域治理中对于片面集权的抛却以及对于统筹协作的重视一脉相承。其二,鼓励和保障尽可能多的公众参与,促进流域治理的环境民主,变被动为主动、提升有关主体的积极性,是分级、分区域治理模式较往常模式的重要突破点。

尽管《条例》的实施效果还有待进一步检验,但这些内容源于实践的归纳,本身已具备很强的针对性。① 加之该模式在理论上自洽并且周延,因此,我们有理由相信,流域分级、分区域的治理模式,是细化和深化现有流域管理与行政区域管理相结合的流域治理模式的务实和妥帖之举。

---

① 湖北省梁子湖的管理现状便是很好的例证,详见邱秋、王玉宝、张宏志:《梁子湖流域管理体制研究》,载《中日流域治理国际研讨会论文集》(2012 年)。

三峡库区生态补偿法律制度探讨[①]

张艳芳　Alex Gardner[*]

一、生态补偿的概念和分类

目前关于生态补偿的概念,国内外学者根据自身研究领域的不同,分别从经济学、生态学、社会学、法学等方面给予界定。国内很多法学专家对其定义也不同,作者比较认同的是曹明德教授的观点,他认为对于生态补偿的定义应该采取狭义的生态补偿概念,即指"生态系统服务功能的受益者向生态系统服务功能的提供者支付费用"。[②] 该观点与国际上通用的生态补偿涵义一致,方便了学术交流。此外,该观点承认了生态功能具有价值即生态受益人不能免费使用改善了的生态环境,应当对其进行补偿,充分体现了环境立法中的公平原则。

生态补偿根据划分标准的不同,主要可以分为五大类型:第一,根据生态补偿所涉及的地域的不同,可以分为全国性、区际和区域性的生态补偿;第二,根据生态补偿的不同作用,可以分为"抑损性生态补偿"和"增益性生态补偿";第三,根据生态补偿的不同程度,可以分为充分补偿和不充分补偿;第四,根据生态环境资源的不同,可以分为水资源、草地、湿地、森林和矿产等生态补偿;第五,根据生态补偿的不同方式,可以分为资金、政策、实物和智力补偿等。

---

①　本文由湖北省教育厅人文社会科学研究项目"美国田纳西流域管理立法对中国长江流域立法的借鉴"(No. 2012G400)和国家社会科学基金项目"我国跨流域调水生态补偿法律制度研究"(No.11BFX077)资助。

*　张艳芳,女,河南开封人,中国地质大学(武汉)公共管理学院法学系讲师,博士,曾在澳大利亚西澳大利亚大学法学院和美国德克萨斯州大学奥斯汀公校法学院做访问学者,研究方向:环境法;Alex Gardner,男,澳大利亚西澳州人,澳大利亚西澳大利亚大学法学院副教授,博士,研究方向:环境法。

②　曹明德:《对建立生态补偿法律机制的再思考》,载《中国地质大学学报(社会科学版)》2010年第5期。

二、三峡库区生态补偿法律制度现状

(一) 生态补偿国家立法缺失

目前,我国还没有一部专门针对生态补偿的国家级立法。作为国家基本大法的《宪法》,也只是在个别条款中出现了关于补偿的规定,但这仅仅是对财产的补偿,而没有涉及生态补偿。一些部门的红头文件中,虽然有些涉及三峡库区的生态补偿,但大都是宏观上的规定,而较少涉及三峡库区生态补偿的具体内容。例如,我国财政部在《关于下达 2008 年三江源等生态保护区转移支付资金的通知》(财预〔2008〕495 号)中,也只是指出了湖北省的丹江口水库、三峡库区和神农架林区获得了来自中央财政的、一定额度的生态补偿资金。国家环保总局于 2007 年 9 月印发的《关于开展生态补偿试点工作的指导意见》中指出,将在流域水环境保护区、自然保护区、重要生态功能区和矿产资源开发区这四个领域开展生态补偿试点,这为我国建立生态补偿机制作出了有益的探索。[1] 我国从 2010 年 4 月开始启动的《生态补偿条例》虽然已经形成草案框架稿,但是离征求意见稿和最终的颁布还有很长的立法之路要走。

(二) 三峡库区生态补偿地方立法空白

长江三峡库区跨越大巴山及鄂西山地,位于北纬 28°31′—31°44′,东经 105°44′—111°39′之间,涉及湖北省、重庆市 20 个县区。[2] 目前,湖北省政府和重庆市政府都没有针对三峡库区生态补偿的专门立法,两个地方政府面对三峡库区的生态补偿问题时,根本无法可依。国家级的生态补偿立法只能从宏观上给生态补偿提供政策上的支持,微观上的不同地域、不同领域内的生态补偿上的细节问题(例如补偿标准、补偿资金来源和补偿方式等)还需要地方立法予以补充。因此,三峡库区在地方立法方面的不足还需要尽快改善。

(三) 三峡库区生态补偿相关机制存在的不足

1. 三峡库区生态补偿标准、生态补偿方式和资金来源等不明确

三峡库区生态补偿按照涉及的库区生态环境资源的不同,可以分为水资源的生态补偿、森林生态补偿、矿产资源生态补偿、草地生态补偿和湿地生态补偿,其中又以前三种为主。三峡库区虽然位于湖北省和重庆市境内,但是具体到上述不同种类生态补偿的话,牵扯的地域将不仅仅是这两个地方,还将会涉及长江流域上下游的其他省份。而生态补偿的标准、方式和资金来源等都应该考虑所涉及的众多省份的具体经济和社会条件。这些三峡库区生态补偿中的关键性问题,在现有的法律和制度中无据可循,急待相关部门完善。

---

[1] 彭智敏、向杰昌、白洁:《三峡湖北库区生态补偿问题研究》,载《三峡论坛》2011 年第 1 期。
[2] 梁福庆:《三峡库区生态环境建设与保护》,载《水利发展研究》2009 年第 6 期。

2. 三峡库区环境行政管理体制不完善

三峡库区的生态补偿问题能不能得到很好的解决,与三峡库区环境行政管理体制能否合理、高效运转有很大的关系。目前,三峡库区环境行政管理体制主要存在三方面的问题:第一,某些地方政府不重视环境保护,行政管理体制混乱。三峡库区区域内缺少一套行之有效的环境保护考核管理办法,库区内的环境保护部门对三峡库区内的环境保护基础设施缺乏有效的监督和管理。第二,地方政府对环境保护的行政干预和不作为现象严重。三峡库区内一些地方政府在经济利益的驱动下,在招商引资的过程中引进一些污染较严重、能耗较高的企业。一些未经环保部门审批擅自建设的项目也屡禁不止。第三,地方政府在资源利用方面缺乏协调机制。各级政府和部门对三峡库区水资源的利用及其他方面缺乏协调和统筹机制,造成上游水电的过度载发等不合理开发问题严重,这势必会改变河流的自然水文特征,给未来三峡工程的统一运行调度和管理留下隐患。

3. 三峡库区环境执法手段相对单一,执法能力不足

我国现有的环境保护部门包括三峡库区的环境保护部门在内,法律都没有赋予其现场查封、冻结、扣押、没收等权力,因此导致环保部门现场执法手段薄弱,对违法行为无法当场强行制止。环保执法部门很难第一时间独立地完成对环境违法行为的处罚。三峡库区现有的环境执法任务日益繁重,环境执法队伍的执法能力有待加强,主要存在执法人员编制不足、专业技术人员比重较低、学历层次较低等问题,这些因素在一定程度上制约了环境执法的效果。

4. 三峡库区环境污染预警和应急机制不健全,增加了生态补偿的成本

三峡库区本身处于生态敏感区,加上沿江又分布较多的化工和冶金企业,而库区内现有的环境监测仪器和设备比较陈旧,还没有完全建立环境应急指挥、监测和处置系统,也没有很好的针对污染事故的防范和预警机制,所以库区面临的环境污染问题更加严峻。三峡库区若是发生重大环境污染事故,环保部门和地方政府很难及时、有效地进行处理。三峡库区及其上游各省市环境监测能力不足,库区内的大部分支流还没有开展水质监测,特别容易发生污染事故,在线监测系统覆盖面不全,既无法满足环境监管的要求,也不利于事故后的调查和取证。突发环境事故防范、预警机制的不健全和环境应急指挥、监测和处置系统的不完善都不利于三峡库区的环境保护,势必会增加三峡库区生态补偿的成本,在现有库区生态补偿资金短缺的情况下,这无异于雪上加霜。

5. 公众参与在三峡库区生态补偿立法中的缺位

公众参与制度是现代政府对社会进行高效管理的重要方式,在发达国家的生态补偿立法中都相当重视公众的参与。例如,法国的流域管理委员会中实施"三三制"原则,其中的三分之一是用户和专业协会的代表。由于三峡库区的生态补偿立法缺失,显然,公众参与也是缺失的。2008年修订的《水污染防治法》中虽然有关于公众参与进行水污染防治的监督与管理方面的规定,但公众参与的力度不大。公众参与三峡库区生态补偿立法的缺失,致使群众的合法利益诉求得不到释放和满足,使群众对政府缺乏信任感和认同度,极易诱发群体性事件,威胁社会的和谐和稳定。

三、三峡库区生态补偿法律制度的思考

(一) 尽快出台国家层面的生态补偿立法

在宪法里面应明确规定生态补偿,而不仅仅是对财产的补偿。在宪法中对生态环境的产权进行严格的界定,确立生态补偿在宪法中的地位。在保证自然资源国家或集体所有的前提下,可以将它的经营权和管理权适当分散,这样有利于提高生态补偿在自然资源保护中的可操作性。此外,还应加快制定《生态补偿法》,为我国的各项生态补偿的开展奠定良好的法律基础;作为生态补偿重要内容之一的流域生态补偿或重大库区生态补偿将会有专门立法的保护。在《生态补偿法》中应对不同资源领域生态补偿的基本原则、补偿类型、补偿方式、经费来源、基本标准、基本程序、法律救济等作出明确的规定。

(二) 对三峡库区生态补偿进行地方立法

建议国务院在对生态补偿进行立法的同时,湖北省和重庆市这两个地方政府针对三峡库区生态补偿问题的特殊性进行单独立法,相关国家部委和社会公众也应加入到该地方立法的制定中。该地方立法可以暂定为《三峡库区生态补偿实施办法》,在该办法中应详细地规定三峡库区生态补偿的核算标准、资金来源、程序和方式等具体问题。三峡库区生态补偿的统一立法便于对三峡库区的生态补偿进行统一、无差异的保护,促使整个库区的生态补偿问题能够得到较好、较快的解决。三峡库区的生态补偿法律制度应着重注意做好邻域水生态补偿和矿产资源的生态补偿。

(三) 三峡库区生态补偿相关机制的建立

1. 明确三峡库区生态补偿标准、方式和资金来源

(1) 三峡库区生态补偿标准方面

生态补偿的标准是生态补偿的前提,目前,关于生态补偿标准的计算主要有生态环境建设总成本核算法、生态环境服务价值核算法和受补偿意愿测算法这三种方法。具体到的三峡库区涉及的水资源、矿产资源等不同的生态环境资源领域,相关省份和地区可以根据不同生态环境资源领域的特点,分别运用以上测算方法中的一种或多种来对生态补偿进行测定。关于三峡库区,应明确三峡库区生态补偿的地域范围,确定三峡库区生态补偿的责任主体,以便向国家和地方政府提出有据可循的生态补偿请求,争取国家和地方政府早日建立三峡库区生态补偿的长效机制。

(2) 三峡库区生态补偿方式方面

我国目前主要采取的补偿方式是政府补偿。我国的政府生态补偿主要包括货币补偿、实物补偿、智力补偿、政策性补偿和项目补偿这五种形式,而其中又以前两种补偿为最多见。三峡库区的生态补偿除了政府补偿以外,还应积极地拓展市场补偿方式:一是水权交易中的"东阳—义乌模式",浙江省的东阳市把无偿弃水和农业节约用水的水权转

让给义乌市，获得 2 亿元资金用于水利建设；二是河北省子牙河的"污染者付费，受益者补偿"的"子牙河补偿模式"，将跨市的河流断面水质与地方领导的政绩挂钩，省财政厅根据环保部门每月提供的环境数据，直接从市财政中扣缴 10—300 万元的生态补偿金，作为对当地政府的"惩罚"；三是流域生态补偿的"德清模式"，浙江省德清县制定了《关于建立西部乡镇生态补偿机制的实施意见》，对于为涵养该县河流水源地的县西部地区进行生态补偿，用于该县西部乡镇的环境保护基础设施建设和生态保护项目。

（3）三峡库区生态补偿资金来源方面

第一，建议设立三峡库区生态补偿责任保险制度。借鉴 2006 年 7 月 1 日由国务院颁布实施的《机动车交通事故责任强制保险条例》，建立三峡库区生态补偿责任保险制度，单位或个人可以将因为生态补偿所致经济上的损失，转移给设立环境责任保险险种的保险公司，保险公司再将公司的损失转移给潜在的负有生态补偿责任的单位或个人。西方很多国家已有一套成熟的环境责任保险机制，积累了丰富经验，这对我国环境责任保险的制度建设具有借鉴意义。①

第二，以三峡总公司为主开展市场补偿。三峡总公司每年的发电量、销售额和利润非常可观，按照市场原则，三峡总公司应该也完全有能力支付一定数额的三峡库区生态补偿费。三峡总公司虽然现在每年也给予三峡库区经济社会发展一定的支持，但这些支持并不是专门用于三峡库区生态补偿的。据有关资料统计，三峡电厂和葛洲坝电厂每年发电量在 1000 亿千瓦时，年发电收入在 200 亿元以上。如果每度电按提取三峡库区生态补偿费 5 厘钱计算的话，每年提取的三峡库区生态补偿费就是 5 亿元，这将大大缓解三峡库区生态补偿资金不足的局面，并为保护三峡库区生态环境、促进三峡库区经济和社会可持续发展作出巨大的贡献。

第三，中央及地方政府的转移支付资金中应加大对三峡库区生态补偿的投入。目前，财政转移支付制度仍然是三峡库区生态补偿的主要补偿途径。依据国际经验，当环境污染治理资金占 GDP 的 1%—5% 时，可以有效地控制环境污染恶化的趋势，当该比例达到 2%—3% 时，环境质量可以有所改善。② 而我国的生态补偿财政支付在全国环境投资中所占的比例还不到 GDP 的 1%，因此不论是对国家还是对三峡库区来说，都应该在中央政府的转移支付资金中加大对三峡库区生态补偿的投入。

第四，改善三峡库区财政转移支付的模式。三峡库区的财政转移支付模式主要以中央对地方的纵向财政转移支付为主，而不同地域、长江流域上下游间的横向财政转移支付较少，横向生态补偿机制的缺失造成了三峡库区不同地区间差距的进一步扩大，社会不公平加剧。我们可以借鉴德国的"州际财政平衡基金模式"：德国在产生转移支付关系的政府之间设立区际生态转移支付基金，该基金由各地方政府在充分考虑当地人口规模、财政状况、生产效益外溢程度等因素的基础上，由特定区域内生态环境受益区政府向生态环境提供区政府进行财政资金拨付。各地方政府要按时按比例地将财政基金存入

---

① 普书贞、吴文良、陈淑峰、庞凤梅：《中国流域水资源生态补偿的法律问题与对策》，载《中国人口·资源与环境》2011 年第 2 期。

② 赵建林：《生态补偿法律制度研究》，载《中国环境管理丛书》2007 年第 1 期。

生态基金。① 三峡库区和其下游的相关省市,在对三峡库区水环境进行生态补偿的时候,可以考虑借鉴上述的模式。

第五,三峡工程受电区域按用电量提取生态补偿费用。三峡工程最重要的作用之一就是发电,三峡工程的发电量缓解了很多地方在用电高峰期的用电紧张情况,那么这些三峡工程受电区域在享受用电便利的情况下,理应给电力的提供者——三峡工程所在地即三峡库区,按照用电量的多少缴纳生态补偿费,该费用也将是比较大的,能够一定程度上缓解三峡库区生态补偿费用不充足的现状。

第六,三峡库区旅游收取的费用。三峡大坝作为目前世界上最大的水利工程,它吸引了来自世界上不同国家和地区的众多游客,三峡大坝及库区内其他景点的门票及其他旅游收入也在不断递增。从相关的旅游收入中,按照一定的比例抽取三峡库区生态补偿费用,用于三峡库区的生态涵养和保护,也是可行的。除了以上六种资金来源外,还应该积极吸引社会捐赠基金或者借鉴国外发行生态补偿彩票。

2. 改善环境行政管理体制,明确环境保护目标责任制

要解决三峡库区现有行政管理体制存在的不足,建议设立三峡库区管理委员会。该委员会应由中央相关部委、湖北省政府、重庆市政府、库区各地方政府代表、相关专家和库区群众代表共同组成,通过民主表决的办法来决定三峡库区环境行政管理方面的一切重大事项和政策,为三峡库区的环境保护、生态补偿和库区可持续发展打下良好基础。三峡库区内的各级党委和政府应对本辖区内的生态环境质量负责,采取有效措施确保三峡库区污染防治目标的实现,将环境保护作为库区社会和经济发展的重要工作之一,列入各级政府的议事日程中,并把污染治理目标能否实现作为对各级政府主要领导进行考核的重要指标。

3. 丰富环境执法手段,加强执法队伍建设

在对三峡库区的环境保护进行立法的时候,应以法律的形式赋予环境执法部门一定的强制执法权,增强环境执法部门的强制性与权威性。三峡库区环境执法部门应积极采取多种形式的环境执法手段,组织协调各部门环境执法联动机制,对库区的环境污染事故进行及时、有效的处理。加强环境执法队伍建设,依照"严格执法、科学执法"的要求,不断加强队伍的执法水平和行风建设,开展职业操守、权力观、事业心的教育和法制培训,全面提高执法人员的业务技能。

4. 建立突发环境事故的预警和应急机制,降低生态补偿成本

三峡库区内的各级政府应全面建设污染源监控系统,配备比较先进的仪器设备和管理软件,保证环境保护和检察部门能及时掌控排污单位的排污状况和污染处理设施的运行情况,加强对环境污染性强的污染源的监控和监测。在三峡库区内建立环境突发事件的预警机制和应急处理机制,各级政府和企业应建立和完善突发环境事件的应急工作,加大环境安全知识、应急管理知识和自救知识的宣传教育工作,提高公众应对环境突发事件的应急和自救能力,科学、高效地防控和应对突发性环境污染事件,尽可能地降低环

---

① 郑雪梅、韩旭:《建立横向生态补偿机制的财政思考》,载《地方财政研究》2006 年第 10 期。

境突发事件引起的生态补偿成本的增加。

5. 建立健全三峡库区生态补偿中的公众参与制度

三峡库区的开发、利用、保护和管理涉及三峡库区范围内的每一个成员的利益，与每个人的生存和发展休戚相关，公众参与也是对三峡库区管理机关的行政行为进行监督的一种重要方式。澳大利亚流域管理机构中的社区咨询委员会和法国流域管理中的协商对话机制充分证明了，广泛的公众参与有利于解决普遍存在的环境问题，有利于公民环境权的实现。三峡库区内的地方政府应采取可行有效的措施来保证公众参与到三峡库区的生态补偿中来，通过建立听证制度、协商制度、法律草案的征求意见制度等形式来不断地拓宽公众参与的范围和途径，并使之具体化和制度化，实现政府和公众之间的良性互动，促进三峡库区的和谐和稳定。

深度分析

地下水保护

地下水为我国重要水资源种类，自本世纪初以来，我国各级政府高度重视地下水管理和保护问题，如国家"十一五"规划纲要即明确提出，要加强地下水保护，治理地下水超采问题。2008年国务院"三定"规定，强化了水利部的地下水管理和保护职责。但总体上看，我国地下水资源保护面临的问题依然突出：一是地下水管理和保护的相关制度不完善；二是管理粗放，监管能力严重不足；三是地下水超采以及引发的地面沉降、海水入侵、生态恶化等仍未得到有效控制。地下水保护任务依然任重而道远。

湖北地下水保护的现状、问题与对策[*]

《湖北地下水保护》课题组[**]

地下水是湖北生产、生活的重要供水水源,是生态、环境的主要控制要素,构成地表水有益和必要的补充。随着湖北经济社会的发展,地下水分布与需求、开发与保护的矛盾在局部地区变得尖锐,地下水超采、污染问题日趋突出。湖北省委高度重视,委托湖北经济学院课题组对地下水保护问题进行研究。2014 年 7 月至 8 月,课题组先后奔赴水利厅、国土厅、环保厅、地方涉水相关管理部门以及重点企业进行调研。调研问题涉及湖北地下水资源概况、开发利用保护管理现状以及存在的问题等各个方面。然而,历时两个月的调研,课题组收集的相关资料和访谈了解的情况并不能反映湖北地下水开发利用保护管理的全貌。课题组面临着资料不完整、数据不统一等难题。为此,课题组根据到水利、国土、环保部门访谈了解的基本情况,结合调研获取的文献资料,试图通过梳理地下水疏干排水、地热水开发利用、地下水污染防治等三个点上的问题来反映湖北地下水保护的现状,以此探求地下水保护存在的问题及原因,寻找地下水保护的对策。

一、湖北地下水保护的现状

(一)地下水开采总量不大,但局部地区超采严重

湖北地表水资源总量相对不少,加之客水资源丰富,形成了全省水资源开发利用以地表水为主体,地下水为补充的格局。地下水开采利用总体程度不高。按照 2012 年现状年统计,全省供水总量 299.29 亿 m³,而地下水的供水量仅为 10.14 亿 m³,占总水量的3.4%。[①] 但是因局部地区地表水资源不能完全满足工农业生产和生活的需求,如出现资源型缺水、工程型缺水、水质型缺水等情况,需要大量开采地下水,造成地下水局部严重超采。目前全省范围已经形成近 18 处典型超采区,涉及武汉、孝感、咸宁、荆州、襄樊、黄

———————————

　* 本报告为湖北经济学院承担的湖北省委重大调研课题——《湖北地下保护研究》最终成果。项目主持人:吕忠梅;课题组成员:张晓京、嵇雷、杨柯玲、王玉宝、陶增生、黄苗。

　** 报告执笔人:吕忠梅、张晓京。

　① 数据来源:《湖北省 2012 年水资源公报》。

石等六市,总面积达 129.1km²,尤其是武汉、孝感、咸宁的局部地段,出现严重超采现象,诱发地面沉降、建筑物开裂、地面塌陷、地下水污染等环境地质问题。[①]

（二）地下疏干排水造成地下水大量浪费,并引发严重环境地质问题

为保障地下工程生产安全和施工安全,进行地下勘探、采矿等活动或者兴建地下工程设施,通常会大量疏排地下水。湖北矿产资源丰富,为省域经济的发展提供了重要的支撑,但采矿过程中大量疏干排水造成了地下水资源的严重浪费。根据湖北省地质环境总站的统计,黄石市年矿山疏排水总量达 4484.95 万 m³/a 之多,相当于地下水开采总量的 61.5%。[②] 同时,伴随湖北城市建设的飞速发展,高层建筑和地下结构工程的深基坑开挖也浪费了大量的地下水资源。长期以来,建筑企业为保证施工顺利进行,通常在建筑基坑或地铁施工区周边打几十甚至上百口竖井将地下水抽出作业区。建筑工程的施工周期长,一般是从基坑开挖到建筑架构基本形成,需 6—8 个月,期间抽排地下水数量惊人。根据对近年来武汉市建筑工程疏干排水的测算,2013 年抽排的地下水达 20.5 亿吨,相当于全市居民生活用水半年的用水量,而且从 2006 年至 2013 年抽排地下水的水量呈递增趋势,增速较快(图 1)。

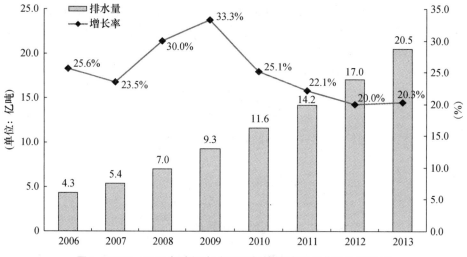

图 1　2006—2013 年武汉市建设项目抽排地下水水量和增速图

大量疏干排水引发系列环境地质问题。一是地下水过量抽排造成地下水水量大幅减少,使得地表水渗透地下的速度加快,渗透到地下的地表水将大量污染物一并带入地下,造成地下水污染;二是地下水过量抽排造成地下水水位降低,进而诱发地面沉降。调研发现,黄石矿务局 10 余座煤矿多年疏干排水导致该地区地下水水位下降 30—200m,形成区域超过 40 km² 的下降漏斗,原灰岩中 15 处泉水断流。[③] 武汉市由于深基坑排水

---

①　湖北省水利厅:《湖北省地下水超采区划定报告》。
②　湖北省地质环境总站:《湖北地下水资源评价》。
③　朱雅兰、刘江霞:《黄石市矿产资源开发利用面临的问题及对策》,载《黄石理工学院学报》2009 年第 2 期。

引发阳光大厦、武胜路泰合广场地面沉降。[①]

（三）地热水开发利用过度，但综合利用不足

湖北地热水资源较为丰富，开发利用程度较高的地区主要集中在咸宁市、英山县、应城市。面对丰富的地热水资源，众多开发商一拥而上，盲目开采、粗放利用，导致地热水过度开发趋势不断加剧。据调查，地热水开发"未批先建、先建后批"，甚至无证开采的现象较为普遍；地热水开采盲目打井，井网密度过大，也是目前存在的突出问题。专家称，"个别县市开发地热水资源毫无科学规划可言，本来只适合打三五眼热水井，却一下子就打了二三十口，开发现状令人瞠目结舌"。此外，季节性的过度开发也很严重，监测资料显示，应城市冬季日取水量在 7000—8000 吨左右，重要节假日取水量有时高达 9200 吨，导致地下水水位最大降深达 18m，严重超过日最大取水量 6000 吨和地下水水位最大降深为 8m 的范围。[②] 地热水的过度开发现已造成一些地热田面积萎缩，甚至出现凉水的情形，局部地区因超量开采导致地下水水位严重下降。

与地热水过度开发形成鲜明对比，全省地热水资源综合利用程度不高。当前，仅有部分县市地热水得到开发利用，且产业结构单一，主要用于旅游、温泉洗浴。地热水利用手段单一，缺乏梯级开发、尾水利用，综合利用不足。这些因素使得湖北地热产业的综合效益并不明显，经济效益季节差异显著。

（四）地下水总体污染状况不清，但部分区域问题突出

长期以来，湖北仅在重点区域、重点城市地下水动态监测和资源量评估方面开展了相关工作，但尚未系统开展全省范围地下水基础环境状况的调查评估，难以完整描述地下水环境质量及污染情况，地下水污染总体状况不清。

根据湖北省水文水资源局 2011 年对全省 10 个水源地[③]的抽样调查统计，80 个监测点[④]中地下水单项组分评价为 II 类的仅 4 个监测点，占 5%；III 类的 16 个，占 20%；IV 类的 25 个，占 31.25%；V 类的 35 个，占 43.75%。其中，超 III 类水占监测总数的 70%，超标项目一般为硝酸盐氮、亚硝酸盐氮、氨氮、总硬度、高锰酸盐指数等化学组分，大肠杆菌以及锰、铁等重金属元素（图 2）。按照综合组分评价，80 个地下水监测点中有 22 个地下水监测站点为较好（28%），有 24 个地下水监测点为较差（30%），有 34 个监测站点为极差（42%）（图 3）。调查显示，综合评价为极差的水源地主要分布在荆州、孝感、黄石、武汉等地，较差的主要分布在黄冈、宜昌等地，较好的主要分布在恩施、十堰、襄阳、咸宁等地（图 4）。其中，荆州的 24 处监测点中有 16 处、孝感的 11 处监测点中有 8 处地下水遭受农业面源污染，主要为硝酸盐氮、氨氮、亚硝酸盐氮超标。

---

① 武汉市水务局：《武汉地区深基坑地下水控制要点》。
② 应城市地矿局：《关于我市地热资源开发利用的调查与建议》。
③ 10 个水源地分布在恩施、黄冈、咸宁、孝感、宜昌、荆州、襄阳、武汉等地。
④ 地下水水质监测点原则上以平原区为主，适当选择部分丘陵山区。其中荆州设 24 个监测点，黄冈设 13 个监测点，孝感设 11 个监测点，宜昌设 7 个监测点，襄阳设 6 个监测点，武汉、咸宁各设 5 个监测点，恩施、宜昌各设 2 个监测点。

抽样统计结果表明：（1）湖北地下水污染指标较多，但以三氮（硝酸盐氮、亚硝酸盐氮、氨氮）、重金属为主；（2）污染点多面广，但江汉平原污染问题尤其突出，主要是广大农村使用农药、化肥、污灌等所致。

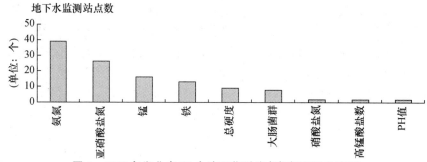

图2　2011年湖北省80个地下监测站点超标项目分布图

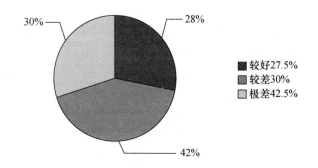

图3　2011年湖北省80个地下监测站点综合组分评价结果分布图

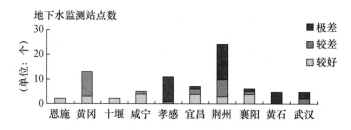

图4　2011年湖北省80个地下水监测站点综合评价地区分布图

二、湖北地下水保护存在的问题

（一）地下水资源意识淡薄

课题组在走访座谈过程中发现，无论是水行政主管部门，还是重点企业单位，绝大多数都认为湖北境内地表水资源充裕，加上长江、汉江丰富的客水资源，不存在水资源紧缺的情况。而且地下水在供水总量中所占比例不大，因此更谈不上对地下水进行节约和保护。资源意识的薄弱导致各级政府及有关主管部门将地下水管理与保护摆上重要议事日程的不多,普遍对地下水问题的重要性和紧迫性认识不足。尤其是地热水资源,因其在特定的地质、构造、水文地质条件和水文地球化学环境条件下形成,埋藏深,补给途径远,再生能力弱,资源量有限,并非取之不竭。如果不加保护地随意开采,不仅会造成资源浪费和环境地质问题的发生,而且长远会导致资源的衰竭。

(二)地下水"家底"不清

湖北特定的水源条件与产业结构布局,使得地下水问题未能成为社会关注的焦点。因此,全省对地下水资源的总体概况、开发利用以及污染防治情况,缺乏系统深入的研究,地下水"家底"整体不清。从资源总量上来看,水利、国土部门之间的统计数据差异巨大;从对地下水开发利用情况的掌握来看,全省地下水开发利用总量、取水工程数量均处于模糊不清状态;从全省地下水的水环境状况来看,目前根本没有系统的监测数据;从全省地热水开采利用引起的储量、水温、水位变化情况来看,也缺少必要动态监测数据。这使得我省公开发布的地下水信息极少,仅在《湖北省水资源公报》中涉及地下水的水量和总供水量,关于每个行业地下水使用的数量、全省地下水的水质状况,均未涉及。至于地热水资源信息,情况更差。调研中查阅《湖北省国土资源公报》发现,仅在"湖北省矿产种类一览表"中列入矿泉水、地热水,但总量为多少、可开采量为多少、年供水量为多少,均为空白,与公布的其他矿产资源情况形成鲜明对比。

"家底"不清,与全省整体监测、勘查滞后密不可分。据调查,湖北地下(热)水监测、地热水勘查、地下(热)水评价大多是在全国普查阶段进行。而全国规模的地下水普查、评价数量极为有限。第一次始于1972年,完成于80年代初;第二次始于2000年,完成于2002年,湖北省的地下水评价主要在此期间完成。地下水水质的"家底",更为薄弱。《全国地下水基础环境状况调查评估实施方案》于2011年出台,但受经费投入等因素的影响,湖北省环保厅于2013年7月才开始试点进行地下水环境调查。地热水资源的勘查,也处于一种极端滞后的状况。为贯彻、落实国家地热资源勘查的工作安排,湖北省仅在1973—1975年做过一次普查,1989—1990年在对全省矿泉水资源的调查中,只对属于矿泉水的地热资源做过调查与评价。最近一次勘查,距今已有二十多年的时间。受气候变化、人类工程经济活动以及地下(热)水开采量急剧增长等因素的影响,地下(热)水资源循环条件及地下水储量、质量和分布规律都可能产生巨大的改变。监测、勘查、评价工作的滞后不仅不利于把握地下(热)水资源变化的规律,更严重的是它会影响到地下水开发利用和保护的决策、管理,最终导致地下(热)水无序、盲目开采,甚至资源枯竭。"家底"不清已经成为湖北地下水合理开发利用的制约因素,对于正在形成中的地热产业,表现尤其明显。

(三)地下水管理不到位

课题组调研中了解到,湖北省地下水开采,曾经长达几十年处于盲目、无序状态。《水法》(1988年)颁布之后,才将地下水作为一种水资源纳入统一管理,但关于地下水的管理权属一直处于争论之中。从管理机构到职能的落实,也是国务院"三定"方案(1998年)出台之后的事,因此,地下水的管理工作严重滞后。目前,无论是全社会地下水需求的宏观管理,还是每一个地下水水源地的微观管理,全省还没有一套十分具体和可操作的方案。

从宏观层面看,全省地下水开发利用缺乏统一规划。根据《水法》《湖北省实施〈水法〉办法》《武汉市地下水管理办法》以及有关规范性文件的规定,县级以上的水行政主管部门应制定地下水开发利用保护规划。然而,调研发现部分县市根本未做规划,即使做了规划,要么是形式上纳入当地水资源规划,要么就是不真正执行。原因有二:一是这些规划制定时缺乏公众参与,实践中缺乏可行性;二是不能实现规划或者违反规划无须承担法律责任。法律仅规定应当制定规划,对于违反规划应当承担什么责任,只字未提。人们时常将这种现象形容为"规划规划,纸上写写,墙上挂挂,到头来只能是一句空话"。

从微观层面看,全省地下水管理粗放。管理定位不足,导致具体管理环节漏洞百出。一是取水工程管理存在疏漏。取水工程施工队伍是否具备有效的资质,施工队伍是否严格按照凿井方案施工,成井工艺是否符合规程等问题并没有引起重点关注。二是地下水取水许可把关不严,审批随意性大。目前,取水户的水资源论证流于形式、取水单位不安装计量设施或安装不合格的计量设施、取水户不交或欠缴水资源费等现象大量存在。三是地下水取水户计划用水、节约用水管理工作未落实到位,尤其对取用浅层地下水的小机井、土井,因点多面广,管理难度大,基本属于无人管理地带。

管理不到位,是造成全省地下水开采无序、浪费严重的直接原因,也是全省地下水超采严重的主要原因。

(四) 地下水多头管理

地下水管理包括开发、利用、节约、保护等多个方面,涉及供水、节水、排水、治污等多个环节。因此,地下水管理牵涉多个部门——水利、环保、国土、城建等。其中,水利部门是地下水的行政主管部门,负责地下水的统一规划、管理和保护工作;环保部门负责地下水的污染防治工作;国土部门负责组织监测、监督防止地下水过量开采引起的地面沉降和地下水污染造成的地质环境破坏,同时还负责矿泉水、地热水的行政管理;城市建设部门履行排水管理职责时也经常与地下水发生联系。然而,由于各部门对地下水开发利用与保护出发点不同,管理侧重点各异,造成实践中地下水管理权属混乱、难以协调,严重影响地下水保护和可持续利用。

一是地热水管理职权归属不一。由于《水法》《取水许可和水资源费征收管理条例》《矿产资源法》《矿产资源法实施细则》等法律法规对矿泉水、地热水行政管理的内容表达不完全一致,使得国土资源部、水利部和一些地方管理部门对于矿泉水、地热水管理的部门职责分工理解不一,产生争议。为解决矿泉水、地热水管理权属之争,中央机构编制委员会办公室于1998年12月16日下发了《关于矿泉水地热水管理职责分工问题的通知》(中编办发〔1998〕14号)。该通知进一步明确了地热水、矿泉水资源管理职责分工,规定企事业单位或个人开采已探明的地热水、矿泉水资源,由水行政主管部门在统一考虑地表水与地下水资源状况和生活用水、农业用水、工业用水实际需要的基础上先办理取水许可证,确定开采限量;开采地热水、矿泉水资源用于商业经营的企事业单位凭取水许可证向国土资源行政主管部门申请办理相应的采矿许可证,缴纳采矿权使用费和矿产资源补偿费,并按照水行政主管部门确定的开采限量开采。然而,目前我省水利部门与国土部门关于地热水的管理职权并未理顺。其一,水利部门对地热水的取水许可管理流于形式或形同虚设。其二,国土部门未能实现全省地热资源的统一管理。按照《关于矿泉水地热水管理职责分工问题的通知》的规定,国土部门具体负责地热水的勘查、开发、利用管理。但目前湖北省地热水的管理极不统一,有的地区由国土部门负责,有的地区则涉及水利或发改委等机构。尚未理清的管理体系使得地热产业整体发展受到一定制约,产业政策因此无法体现一致性。

二是管理部门之间缺乏协调。全省地下水呈多头管理局面,虽各有分工,但缺乏协调,尤其在地下水监测问题上。其一,部门资料难以共享。水利、国土、环保部门之下均设有相应的监测体系,但不同的监测体系之间信息难以共享,资料相互封锁,发布的水量和水质报告也不尽相同。这不仅使得各部门有限的经费投入不能形成合力,严重浪费资源,也使得地下水管理、决策缺乏客观的依据。其二,地下水监测对象不统一。实践中水利部门监测的地下水包含潜水、部分易于补给更新的承压水和岩溶水,国土部门监测的地下水既包含浅层地下水(潜水和可更新的承压水),也包含深层承压水,监测范围不一。

(五)地下水保护政策法规缺失

《水法》和《水污染防治法》是水资源保护的基本法律依据,湖北省先后出台政策法规加以贯彻落实。其中,涉及地下水保护的地方性立法主要有:《湖北省实施〈水法〉办法》《湖北省水污染防治条例》《湖北省水资源费征收管理办法》《武汉市水资源保护条例》等;涉及地下水管理的规范性文件有:《黄石市地下水管理办法》《荆州市城区地下水开采使用管理规定》《荆门市地下水资源管理办法》《咸宁市地热资源管理实施办法》等。然而,现有政策法规不能满足湖北省地下水开发、利用和保护的需要,地下水保护政策法规严重缺失。

一是现有政策法规内容分散,缺乏针对性。目前,全省未对地下水保护进行统一立法,关于地下水开发、利用与管理的规定散见于各种涉水地方性法规、政府规章之中,具体制度设计多以地表水为主,不具备地下水保护的针对性。虽然部分规范性文件专门针对地下水保护与管理,但适用地域范围有限,且地下水范围不一,难以起到有效规范全省地下水开发、利用的作用。

二是地下疏干排水存在法律监管空白。目前,采矿和地下工程建设疏干排水已经造成我省地下水资源的极大浪费,严重的甚至引起地下水污染、地下水位下降、水资源枯竭或地面塌陷。对此,国家立法仅有原则性规定。《水法》第31条第2款规定:开采矿藏或者建设地下工程,因疏干排水导致地下水水位下降、水源枯竭或者地面塌陷,采矿单位或者建设单位应当采取补救措施;对他人生活和生产造成损失的,依法给予补偿。《水污染防治法》第38条规定:兴建地下工程设施或者进行地下勘矿、采矿等活动,应当采取防护性措施,防止地下水污染。上述法律法规均未对地下疏干排水提出限制性要求:许可还是不许可,是限量疏干排水或者是有条件的疏干排水,等等,地下疏干排水方面存在法律监管空白。国家层面法律监管的缺失,本可以通过地方性法规弥补。然而,湖北省对采矿疏干排水尚未出台任何规范。对于地下工程建设的疏干排水,武汉市水务局印发了《武汉市疏干排水施工降水管理办法(试行)》的通知,但内容设计过于简单、不具备可操作性。加上该《办法》目前还处于普及宣传阶段,具体推行还需与建委、财政等多部门联动,而且现有监测能力和监督管理手段滞后于地下水开发利用需求,因此推行面临重重困难,尚不能有效实施。

三、湖北省地下水保护的对策建议

(一)开展全省地下水普查

"家底不清"是湖北地下水保护面临的头等难题,开展全省地下水普查有助于摸清"家底"、发现问题、探寻对策。为此,建议成立湖北省地下水普查领导小组,负责全省地下水普查工作的组织领导。其中,由省领导担任领导小组组长,成员由省委、省政府分管领导和省委政研室、省发改委、省水利厅、省国土厅、省环保厅、省农业厅、省财政厅、省建设厅、省政府研究室的主要负责人组成。领导小组主要负责统一领导全省地下水水资源量、地下水基础环境状况调查评估工作,指导普查工作的总体设计,协调各部门职能,研究决策重大问题。为保证地下水普查工作的顺利进行,领导小组下应分别设置专家咨询组和技术组,专家咨询组的成员为:水利、环保、国土等相关部门的专家,负责对地下水普查工作提供技术咨询和成果把关。技术组的成员应由湖北地质环境总站、湖北水文水资源局、湖北环境科学设计院的有关技术人员组成,分别负责开展地下水资源量评价、地下水水质内容普查、地下水污染源调查、地下水信息管理系统和地下水数值模拟模型建立。

地下水普查的工作内容主要包括:开展地下水水质普查,查明地下水水质的时空分布特征和规律;选定基准年,进行地下水污染源调查,查明各类污染源的分布及污染物排放强度,评价不同污染源对浅层地下水环境的影响;对地下水资源量进行评价,查明水量的时空分布规律,并对部分重点地区的可开采量进行分析和评价;根据同位素和年代学研究方法,分析和查明湖北深层地下水与浅层地下水的不同来源、相互关系及循环特征;在地下水普查及其他已有成果基础上,建立地下水信息管理系统和地下水数值模拟模型。

为保证上述工作开展的科学性、客观性,建议普查按照以下原则进行:一是统筹部署,综合协调。统筹考虑湖北地下水区域水文地质条件、开发利用状况和人类活动影响等因素,整体部署地下水普查工作。水利、国土、环保、发改、财政、建设、农业等部门密切合作,各负其责。充分衔接和利用各部门已有的地质环境调查、地下水监测网络、水利普查、局部地区的水质调查等资源和成果,共同做好地下水普查工作。二是分类分地区,突出普查重点。以查清地下水水量和水质为核心目标,针对不同类型、不同地区展开普查。

首先应查清浅层地下水和深层承压水的分布、储量和水质状况，其次应分地区查清地下水重点超采区、地下水重点污染区内的水量、水位和水质情况及变化规律。三是定期开展地下水调查。加强地下水定期调研，调查内容包括地下水开采量、开采层位和开采类型以及水污染状况，为实现地下水精细化管理服务。

（二）统一规划地下水开发利用与保护

进行地下水开发利用保护统一规划，既要考虑如何可持续地利用地下水资源，又要考虑如何更好地保护地下水资源。针对湖北省地下水保护现状，建议按照"开源与节流并举，节约优先，治污为本，高效利用"的基本原则来统一规划地下水开发利用与保护。

一是合理配置地表水和地下水。根据全省水情，湖北省应充分利用地表降水，调节性使用地表水，保护性开发地下水，充分发挥地表水和地下水的相互补偿作用。对地表水源丰富的地区，如武汉、荆州、黄石、宜昌等，应限制地下水的开采利用；对因水资源缺乏已经或即将使用地下水的地区，如襄樊、随州、孝感、黄冈等，若地下水尚有开发利用的潜力，应优先保证生活用水，合理兼顾工农业用水，尽量做到分质供水，实现水资源的优化配置。

二是从严控制地下水开发利用。实行地下水取用水总量控制，加强地下水开发利用的监督管理。对于18个地下水超采区，应禁止农业、工业建设项目和服务业新增取用地下水，并逐步削减超采量，实现采补平衡；对于深层承压地下水，原则上只能作为应急和战略储备水源；对于城市公共供水管网覆盖范围内的自备水井，应限期关闭；对于开发利用矿泉水、地热水和取用地下水制冷制热的，必须向有管辖权的国土、水利部门提出申请，经批准后方可组织实施，并严格计量缴费。

三是源头控制，综合防治地下水污染。地下水一旦遭受污染，治理成本巨大，而且有些根本不可能得到彻底治理。因此，源头控制是防治地下水污染的重中之重。其一，应大力推广农业清洁生产。农村面源是湖北省地下水污染的主要途径。湖北省应利用国家大力推广测土配方施肥技术、农药清洁生产技术的契机，倡导、引导清洁的生产和生活方式，培养地下水保护意识，进一步拓宽农业清洁生产技术研发领域，加快技术集成示范和推广运用。其二，应根据水文地质条件和工农业生产布局，科学划分地下水防护带的范围和防护层位，并采取科学严格的防护措施，保证地下水水源地及补给区范围内的水质不被污染。

四是因地制宜，有效保护和综合利用地热资源。地热资源是集热、矿、水于一体的新型清洁能源，对于拉动湖北省经济增长、调整产业结构、转变发展方式、实现可持续发展具有重要作用。湖北省应因地制宜，走综合利用和有效保护相结合的发展之路。其一，引进国内外高效开发利用地热资源的先进经验，发展综合开发利用地热资源的产业。湖北省地热资源集中分布在4个地区的33个县市，且多为中低温。根据温度特征，可以广泛运用于温泉洗浴、医疗康复保健、地热养殖、农业育种、体育、旅游、居民生活、科研等领域。为充分发挥我省地热资源的综合利用效益，建议实行"项目带动，综合开发，打造品牌"的发展战略，重点建设一批地热资源综合开发利用项目，如实施温泉旅游资源开发精品工程,推进中外合作地热循环利用项目等。其二,有效保护地热资源。地热资源是可再生的能源资源,同时又是有限的资源,其补给的过程极其缓慢。然而,湖北省部分地热田因过量开采,出现地热流体温度降低、水质变异、区域地下水位降低、地面沉降变形和地面塌陷等环境地质问题。为保持地热水水量和水压的稳定及防止地热尾水对环境的影响,一方面要加强管理,采取限量打井、限制开采量等措施,合理开发地热资源;另一方面,应结合地热田具体条件,反复进行回灌试验取得可靠参数,以确保地热资源的可持续开发。

（三）理顺地下水管理体制

"多头管理"降低了管理效能,造成地下水开发利用与保护脱节、地下水资源浪费与紧缺并存,不利于地下水资源的可持续利用。因此,明确地下水管理部门的具体职责与权限,建立地下水保护协调联动机制,是解决湖北地下水管理问题的根本。

一是明确地下(热)水管理的职责与权限。其一,进一步明确水利部门对浅层地下水和深层承压水的统一管理。根据《水法》和国务院"三定"方案,水利部门统一管理地下水,但因现行法律法规对地下水的概念没有明确界定,导致水利、国土部门地下水管理职责混乱。根据2002年水利部发布的《全国水资源综合规划技术大纲》(水规计〔2002〕330号),地下水是指赋存于饱水岩土空隙中的重力水,地下水资源量是指地下水体中参与水循环且可以逐年更新的动态水量。该定义实际上将水利部门管理的地下水范畴限定为"浅层地下水"(包括潜水、易于补给和更新的承压水以及岩溶水),排除了深层承压水的管理。然而,实践中大量深层承压水被开采利用,且历年来《湖北省水资源公报》关于"湖北省行政分区供水量"的发布中,均有浅层地下水供水量和深层承压水供水量的统计。因此,应将浅层地下水和深层承压水的开发利用均纳入水利部门的管理范畴。其二,进一步明确环保、国土、水利部门关于地下水管理的职责协调。一般而言,环保部门主要负责地下水污染防治工作,国土部门主要负责组织监测、监督防止地下水过量开采引起的地面沉降和地下水污染造成的地质环境破坏。但在行使职责的过程中,国土、环保部门之间以及两部门与水利部门之间难免发生关联,因此建议国土部门协助水利部门开展超采治理工作,协助环保部门对地下水环境进行监测。同时,在地下水污染防治方面,水利部门应协助环保部门处理因地下水开发利用而引起的水污染问题。其三,进一步明确地热水、矿泉水的管理职责分工。根据《矿产资源法》(1996年)和《矿产资源法实施细则》(1994年),地热水、矿泉水被列为矿产资源,其勘查、开发、利用、保护和管理由国土部门(原地矿部门)负责。但《水法》(2002年)和《取水许可和水资源费征收管理条例》(2006年)颁布实施后,取用地热水、矿泉水应当依法申领取水许可证,并缴纳水资源费,才能取得取水权。而且从部门职能划分上来看,国务院"三定"方案早已明确地下水的行政管理职能移交水利部门,开采矿泉水、地热水,只办理取水许可证,不再办理采矿许可证。根据《立法法》规定,后法优于前法。《水法》《取水许可和水资源费征收管理条例》关于地下水管理的规定,原则上应优于《矿产资源法》及《矿产资源法实施细则》,更优于中编办《关于矿泉水地热水管理职责分工问题的通知》,这意味着地热水、矿泉水理应由水利部门负责统一管理。但受老政策的惯性效应和部门利益保护影响,现阶段将矿泉水、地热水列为矿产资源管理的支持者仍然大量存在,加之《矿产资源法》及《矿产资源法实施细则》尚未修订,其对地热水、矿泉水征收矿产资源费的规定仍然有效。因此,无论从现行制度层面来看,还是基于地热水、矿泉水资源稀缺性的考虑,均应对取用地热水、矿泉水行为实行双重许可和双重收费制度,即暂时执行中编办《关于矿泉水地热水管理职责分工问题的通知》。但这只是权宜之计,不能实现高效、便民。从长远来看,按照《水法》对水资源实行统一管理的精神,地热水、矿泉水管理的改革方向应该是"发一证、收一费",由水利部门对地热水、矿泉水进行统一管理。

二是建立地下水管理与保护协调联动机制。地下水资源的公共性及其使用方式的多元性决定了地下水管理不可能由单一机构完成,必须由相关部门配合。因此,建立地下水保护联动协调机制是理顺现行地下水管理体制的首选。其一,应在政府牵头、水利负责、相关部门配合和群众监督的基础之上,建立地下水保护协调小组,负责各地下水管理部门之间的分工协调,并设立各种激励机制,充分发挥群众监督作用。其二,建立地下水保护联席会议制度。联席会议应在协调小组的主持下召开,原则上半年召开一次,遇有专项联合行动可召集特别会议。会议主要研究当前地下水保护的重点、难点,督促各职能部门履行相应职责,及时协调、解决地下水开发利用以及污染防治中产生的问题,确定地下水保护联合执法行动的工作计划,通报联合执法工作的落实情况。会后形成会议纪要,由各相关部门遵照执行。其三,协调联动机制应在以下领域推动执法联动:加强地下水保护宣教;建立地下水监测信息共享平台;治理地下水超采,防治地下水环境地质问题;进行地下水环境保护联合执法、防止地下水污染;进行地下水保护联合整治专项行动的协调与沟通;加强地下水突发事件的监测预警协作;开展地下水治水技术交流合作,联合进行地下水环境治理。

(四) 完善地下水保护立法

湖北省现有立法严重滞后于地下水开发利用保护的需要,建议根据"湖北省加快实施最严格水资源管理制度"的要求,科学制定地下水保护立法规划,对现行政策法规加以充实和完善。

一是制定《湖北省地下水保护条例》。条例应充分考虑湖北省地下水保护的现状及存在的问题,对地下水保护的范围、基本原则和目标、管理体制、规划与标准、利用与保护、管理与监督、法律责任等方面作出具体规定。其一,条例应明确地下水保护范围,将浅层、深层地下水、地热水与矿泉水统一纳入地下水的保护范围。其二,条例应明确地下水的管理机构和职能,以及管理部门之间的工作协调机制。如条例应规定由市、县(市、区)水行政主管部门负责本行政区域地下水的统一保护、利用和管理工作;国土、环保、建设、城乡规划等相关行政管理部门,按照各自职责做好地下水的利用、保护与管理工作。同时,条例还应要求各级人民政府加强对地下水保护、利用和管理工作的领导,建立健全工作协调机制。其三,条例应明确地下水利用与保护的具体制度,如地下水规划、环境标准、超采区治理、地下疏干排水限制、水源地保护、地下水污染防治等。其四,条例应明确地下水监督管理的具体制度,如地下水总量控制、取水许可管理、取水工程管理、地下水动态监测等。其五,条例应明确违法主体的法律责任,如取水单位违法行为的责任,地下水行政管理部门直接负责人员及其他直接责任人员违法行为的责任等。

二是出台《建设工程疏干排水管理办法》。目前对湖北地下水造成影响的不仅包括开发利用活动本身,还包括其他经济活动,如工农业生产、城市生活、矿山开采和工程建设等。其中,矿山开采和工程建设对地下水资源造成的浪费和污染不亚于地下水开发利用活动本身。但因我省对采矿或地下工程大量疏排地下水至今没有权威的统计数据,也缺乏相应的法律监管,加上采矿疏排地下水在全省并不具有普遍性,且所涉利益关系复杂,难以计量,因此暂时不做立法考虑。而随着我省城市建设的飞速发展,建设工程疏干排水对地下水资源以及地质环境造成的影响较大,亟待解决,而且全国部分城市目前已有较为成熟的立法经验,因此建议将该问题先行纳入省级立法规划,出台《建设工程疏干排水管理办法》。其一,《办法》应立足于限制疏干排水,鼓励采用各种帷幕隔水技术。为保证施工安全,每个地下工程、每栋建筑的基础施工都需要止水,降低地下水水位以利于施工。目前,建设工程施工止水主要采取两种方式:一种是帷幕隔水方式;另一种是抽排地下水方式。帷幕隔水施工法有利于地下水资源的保护,且已有成熟的技术;而抽排地下水则不仅会造成地下水资源浪费,而且还会引发地面不均匀沉降、地下水位下降、地下水污染等一系列危害。但以湖北现有经济能力、施工技术水平以及特有的地层条件,基坑开挖过程中不可能完全禁止施工降水,因此,立法时应考虑这一特殊情况,对疏干排水予以限制,但同时应大力倡导使用帷幕隔水技术。其二,《办法》应明确建设工程疏干排水应遵循保护优先、合理抽取、抽水有偿、综合利用的基本原则。根据该原则,进一步明确疏干排水的具体管理规则。其三,《办法》应设计限制施工降水的具体制度,如施工降水方案的专家评审制度、取水许可制度、计量收费制度、损害赔偿制度等。其四,《办法》应确立疏干排水的监督管理办法、奖励及处罚办法。如对于擅自进行疏干排水的行为、专家不合理的评审行为、未安装计量设施的行为或者计量设施安装不合理的行为,均应规定相应的监管和处罚措施。同时,《办法》也应对建设单位综合利用施工疏干排水的行为规定奖励措施。

湖北省地热资源开发利用与保护

嵇 雷[*]

一、湖北省地热资源开发利用现状

(一) 湖北省地热资源基本状况

湖北省地热资源较为丰富,据初步计算全省地热开采总量达 $11.65×104\ m^3/d$,其中天然流量为 $8.44×104\ m^3/d$,总热能为 $6.6×104\ kw$,其中大中型地热田 3 个(应城市汤池镇、咸宁市温泉镇、英山县城关镇),热能为 $4.2×104\ kw$。地热井有 150 余口,主要集中分布在 4 个地区的 33 个县(市),其中鄂东北(13 处),以温热水、热水地热田(或泉)为主,主要分布于英山、罗田、蕲春等县市;鄂东南(10 处),以温水地热田为主,主要分布于咸宁、崇阳、通山、赤壁、嘉鱼等县市;鄂西北(8 处),以温水地热田为主,主要分布于房县、保康、郧县、郧西等县市;其余 38 处地热田零散分布于全省各地,主要在京山、应城、钟祥、长阳等县市。

(二) 湖北省地热资源开发利用现状

湖北省地热资源的开发利用有着悠久的历史,地表出露的温泉都基本得到不同程度的开发利用,古人早已利用其进行"淋浴""灌田"等,并已了解咸宁潜山等温泉"浴可浴疾"。湖北省地热资源的开发利用经历了三个阶段:第一,自然利用阶段:1960 年代以前,主要是利用温泉进行洗浴,红芋、稻谷催芽,杀鸡煺毛,宰猪;第二,单一利用阶段:1970 年代,利用自流孔的地热流体进行科学研究、孵化禽类、地热养鱼、烘干、育秧、为沼池加温等,但相对较单一;第三,综合利用阶段:1980 年代以来,利用自流井孔、生产开采井进行科学研究、预报地震、地热养殖、农业、医疗康复保健、体育、旅游、居民生活等八大领域。其中温泉旅游已经成为地热资源开发的热点。近年来,湖北省内各大温泉每年仅接待武汉游客就达 10 万人以上,周边十余处温泉景点已成为武汉市民休闲度假的"后花园",形

---

* 嵇雷,湖北经济学院法学院副教授,博士,湖北水事研究中心研究员,研究方向:环境社会学。

成了上亿元的产业规模。湖北省的咸宁、英山、应城等县（市）地热资源勘查、开发利用程度较高,也最具代表性,概述如下:

1. 咸宁市

咸宁市地热资源分布较广,所辖6个县市区（嘉鱼县、崇阳县、通山县、通城县、赤壁市、咸安区）均有地热资源分布,全市已发现地热田7个,开采地热资源的企业有11家,设置采矿权11个,探矿权4个,开采井26口,勘测井6口,查明地热资源日允许开采量为21919.35 m^3,实际日开采量为13691m^3,主要利用地热流体进行温泉泡浴、地震监测、水产养殖、医疗和蔬菜种植等科学研究工作。(1)温泉泡浴。全市利用温泉泡浴为主题的休闲度假村、酒店共10家,五星级2家、四星级酒店4家、三星级酒店2家。(2)地震监测。1980年湖北省地震局批准建设咸宁水文观测站,1982年建成观测井,成为全国第一家利用地热流体进行地震观测的水文观测站。1985年先后安装水位自动记录仪和水氡仪观测水位和氡气;1986年开始水电位观测试验,记录水温和水位变化。观测站利用观测数据进行地震预测预报研究,为区域性地震预测研究积累了大量资料和宝贵的监测经验。(3)水产养殖。咸宁市水产科学研究所利用温泉热能建设了热带鱼繁育基地,承担了湖北省"十二五"规划重点攻关项目"杂交鲫鱼配套养殖技术"公关,取得了较好成果。咸宁市种子公司利用地热建立温室进行蔬菜种子培养和农业科学试验,为咸宁市的菜篮子工程作出了一定贡献。(4)医疗科研。中国人民解放军195医院利用地热资源辅助治疗皮肤病,已成为全军皮肤病治疗中心。

2. 英山县

英山县1988年开始实施"地热化城镇建设工程",地热资源利用由过去单一的沐浴扩大到工业、农业、文体、医疗卫生、取暖、科研、旅游观光等八个领域的109个项目,2004年全县经济收益达3.2亿。[①] 英山县依托地热资源已形成了一定产业规模,不仅将地热资源广泛应用于工业、农业、医疗保健、体育、地热养殖,而且组建了英山县地热公司,建立了4个地热泵站,将地热水加压用管道引进家庭,使3000多户居民,约10000人受益,成为英山县经济中独具特色的新型产业。

3. 应城市

应城市汤池原在0.5 km^2 范围内有18口地热井（已关闭5口）,现在还有13口地热井在开采,分布在7个单位。盛享"亚洲第一泉"之誉的汤池温泉,占地562亩,是按国家AAAA景区标准精心打造的,集温泉沐浴、休闲保健、生态、红色旅游以及完善的住、餐、娱、购配套于一体的旅游、度假、休闲景区。汤池温泉日产量可达10400吨,水温最高达65℃,属国内已发现产量最大并雄居亚洲的温泉资源。应城市依托地热资源从原始的温泉洗浴到开发健身娱乐场所,进而环绕温泉建设休闲别墅,开发休闲功能,最后带动相关产业齐头并进,将地热资源广泛应用于工业、农业、体育、地热养殖,特别是成立了汤池地热宾馆公司后,建成了以休闲娱乐和医疗保健为特色的新型产业。

---

① 郭海生、周衍龙、龙雨鹏:《湖北英山县地热资源开发利用可持续发展刍议》,载刘时彬、李宝山、郑克楼主编:《全国地热产业可持续发展学术研讨会论文集》,化学工业出版社2005年版,第58—61页。

二、湖北省地热资源开发利用中的问题

（一）无统一管理

湖北省地热资源开发利用涉及众多管理部门，且各地行政部门权责不统一，很多地方对地热资源的管理体系也不尽完善，管理缺失、多头管理、重复管理的现象普遍存在。主要是因为绝大多数地热田在1977—1985年计划经济时代进行过地热勘查，地热勘查完成之后保留有部分地热钻孔无偿移交给地方使用，形成既成事实的分散的开采方式，未进行严格的管理、科学规划、统一集中开采、统一供热，也未进行取配水全时空调控管理，导致一定量的无序开采、浪费严重的问题。

（二）地热田勘查程度不够

规模化开发利用对地热资源需求的资源勘查程度越来越高。由于历史原因，大部分地热田勘查程度只能算普查阶段，对地热田的热储边界、储热控热构造、导水导热构造、地热田的盖层和热储埋藏条件、地热田地热流体的水文地质条件、地热田的规模和储量级别等仅进行了初步的调查和评价，尚不能完全满足开发利用的需要。勘查投入的多少，决定了勘查成果的精度，制约了对资源的认识，可能造成两种后果：一是对资源潜力认识不足，浪费过大；二是对资源储量过于乐观，超量开采。

（三）产生环境地质问题

目前地热产业发展面临的最大技术难题是回灌技术。由于回灌技术不到位，很多地区的地热资源开采造成了地下水资源浪费，引发众多地质环境问题。另外存在一定量的无序开采、浪费严重的问题，局部地热田的地下热水开采量过大，易产生地热流体温度降低、地热流体水质变异、区域地下水位降低、地面沉降变形和地面塌陷等环境地质问题。例如，英山县地热田历经数十年的开采，其开采量相对较大，开采井位相对集中，开采强度大，取水时间相对集中，在人工抽取地热流体的过程中，人类活动改变了其水热系统的天然平衡状态，使其水热系统环境发生了变化，导致一些环境地质问题产生；产生的主要环境地质问题为地热流体温度降低，主要表现在其井孔的地热流体出口温度降低。[①]

（四）未建立地热流体监测网络

地热资源开采过程中未建立系统监测网络监测地热流体在开采条件下的水质、温度、水量、水位的变化情况。目前湖北省仅有咸宁市建立了温泉地热田自动监测监控系统。

[①]《湖北工程地质环境地质五十年》编辑委员会：《湖北工程地质环境地质五十年》，中国地质大学出版社1999年版，第267页。

（五）缺乏产业扶持政策

地热资源的开发利用受到技术、资源和行政等各种条件制约，发展较为缓慢，目前尚未形成有规模的产业结构，市场占有率也较低。相比风能、水能和生物能等新能源，国家针对地热资源相关的优惠措施和保障政策的出台相对较缓或不全面、不完善，这严重制约了地热产业的发展。

三、国外地热资源开发利用的借鉴

（一）地热资源法律体系完善

国外开发利用地热资源较发达的国家或者地区的政府均用法律的形式对可再生能源的市场份额作出强制性的规定，即在总的能源消费比例中必须有一定比例的能源来自可再生能源；并且实施总量目标制度，明确公民开发利用可再生能源的责任和义务，为大规模开发利用地热能源奠定良好的法律基础。[1] 例如，美国政府出台了《美国地热蒸汽法》《地热能源研究、开发和示范法》《地热能源法》《地热生产扩张法案》《国家环境政策法规》《能源法案》《国家能源政策法》《能源战略计划》等法规。[2]

（二）地热资源管理体制合理

完善的地热资源管理制度是实现地热资源可持续开发利用的核心。多数发达国家根据每个时期的实际国情，不断调整和制定新的地热资源开发利用对策，也不断完善地热资源开发利用制度，核心制度之一是环境分析报告，如美国、新西兰等国对所提出的地热工程进行全面环境分析，以确定和评价可能排放到水和土壤中的污染物的数量是否违反环境保护法规。

另外，许多国家都采取了多方位、多层次的地热资源开发利用模式，梯级开发，高效利用，大大提高地热资源的利用率。例如，冰岛地热资源的勘查开发实行统一管理机制，由国家能源局、国家地质调查局和各种能源公司分工负责。其中，国家能源局负责制定地热资源勘查开发的总体政策，为其他后续开发主体提供建议；国家地质调查局是服务机构，主要为政府、外国公司和其他电力企业提供基础数据；能源公司是最终执行机构，负责地热资源开发、生产和经营的各个环节。[3]

（三）科技研发投入资金量大

科技研发是地热资源发展的提前保障。例如，在 2008、2009 这两个财政年度中，美

---

① 关锋：《借鉴国外经验，促进我国地热产业政策发展》，载《水文地质工程地质》2011 年第 2 期。
② 袁华江：《中美地热能资源管理比较探析》，载《环境科学与管理》2012 年第 1 期。
③ 杨航征、韩晓旭：《国外地热产业政策对发展关中盆地地热产业的启示》，载《西安建筑科技大学学报(社会科学版)》2013 年第 2 期。

国政府共投入 5000 万美元支持地热研发工作。目前,美国能源部以"增强型地热系统"(EGS)为主要发展目标,兼顾其他一些地热资源科研项目,并为这些项目的开展提供资金补助等。2005 年德国联邦政府批准了包括地热能在内的可再生能源领域总计 102 个研究项目,项目资助将近 1 亿欧元。

(四)相关政策支持和鼓励

在各国地热产业发展的进程中,离不开特许权、公共效益基金、能源税等相关政策的支持和鼓励。特许权是政府主导选择的一种政策,该政策的核心是特许权协议、相关合同和差价分摊措施。政府是特许权经营的核心,对地热能特许权经营设定相关规定,通过特许权合同把项目委托给选定的开发商。公共效益基金是新能源发展的一种融资机制,其目的是为不能完全通过市场自由竞争达到目的的特定公共政策项目提供启动资金扶持。能源税是指对地热能源产品征收的一种税,是对消耗地热能源对环境和能源的影响征收的费用,是用于环境维护和治理的费用。

四、加快湖北省地热资源开发利用的政策建议

(一)完善地热资源法律制度

从国家层面的立法来看,目前地热资源的相关规定主要包含于《可再生能源法》的配套法规规章中。依据当前我国目前的法律体系,建议国家相关部委尽快制定国家层面的地热开发利用管理的法律法规,理清相关部门权责,形成统一规范的管理行政体系,出台配套法规、技术标准、发展规划等。出台专门的配套法规规章应主要涉及财政预算、地热资源勘探、开发利用规划、地热采矿许可证办理、地热水取水许可证办理、地热资源补偿费征收与管理、市场供应价格、环境保护措施、奖励与处罚等方面。配套法规应具有可操作性,主要应明确主管部门、部门权力与义务、主管领导权力与义务、激励措施、项目、期限、拨款额度、处罚,从而使各项法律法规能真正落实。[①]

从省级层面的立法来看,首先,应该填补立法空白,制定地热资源发展规划,争取出台《湖北省地热资源管理办法》,对地热资源勘探、综合利用,地热资源的限额开采制度、动态监测制度、地热尾水处理制度、地热回灌制度等作出详细规定;其次,配套出台相关法规,比如出台《地热资源管理实施细则》,修改与之相冲突的法规,完善法律体系,理顺地热资源管理体制,实现全省地热资源的高效管理。

(二)健全地热资源管理体系

第一,理顺管理体制。应进一步明确管理部门职责,统一规划、统一管理。国务院早在 1998 年就出台相关规定,指出地热资源应该由国土资源部门统一管理。建议湖北省

---

① 关锌:《借鉴国外经验,促进我国地热产业政策发展》,载《水文地质工程地质》2011 年第 2 期。

把文件精神落到实处,由县级以上地质行政主管部门统一管理地热资源,即地热资源的开发利用规划、探矿权的申请、许可证的申请、地热资源的开采、征收地热资源费、参与地热资金的管理等都由地质行政主管部门负责。同时,建议成立地热资源监督管理机构,强化地热资源监督管理体系,使地热资源的开发利用顺利进行。例如,在地热资源的开发利用中,要加强地质环境监测,及时掌握相关地质环境信息,有效调整地热产业的生产、结构和布局,保障地热产业的可持续发展,充分发挥地热资源的经济、社会和环境的综合效益。

第二,成立专门管理组织。建议省政府组织相关专家和学者成立地热资源管理协会,该协会在严格依照法律法规和政策的情况下,积极研发和推广地热开发技术,推动地热行业顺利发展,维护地热开发主体的利益。此外,该协会还可以定期组织地热技术研讨会或培训班等活动,使地热资源的知识得以推广。

第三,强化政府对地热产业的信息服务职能。[①] 在信息化时代,政府对地热产业的宏观管理还应包括提供信息服务的职能。必须加大对全省地热的普查力度,摸清湖北省具体的地热资源储存情况、地球物理信息和地质条件,加大湖北省地热资源评价力度,尤其要重点创建湖北省地热资源信息数据库和湖北省地热资源开发利用动态管理系统,以便及时准确地掌握地热田的开发利用状况,为地热产业的规划、发展、整合提供及时的信息。

(三)加大对地热产业技术和资金扶持力度

首先,地热产业目前虽然在国民经济中所占的比例还很小,但它是可再生能源中最有发展前途的能源之一,理应受到政府的重视与支持。湖北省应当借鉴国外经验,从财政、税收、金融和价格等多方面给予地热产业发展以支持和照顾。尤其是为那些积极开展地热尾水回灌、遵循可持续开发利用的产业制定和施行照顾和优惠支持政策。例如从1992年起,美国政府对太阳能和地热能项目实行永久减税10%的优惠政策。

其次,依据钻石理论,任何一个产业要发展,要培养和创造产业竞争力,都离不开相关产业的支持。一个产业的上游相关产业不发达,或者竞争力差,就无法提供先进优质的产品和服务,该产业就无法获得有利于自身发展的来自于上游产业的生产条件。同样,如果该产业的下游产业不发达或不景气,就无法消费其所提供的产品或服务,从而阻碍产业的发展与进步。因此,湖北省不仅要为地热产业提供合适的扶持,还要设法发展与地热相关的产业,尤其是与地热相关的技术性产业。制定、修订地热工程设计、安装、维修规范或标准,提高相关产业的准入门槛;完善地热相关产业的支持制度,制定地热相关产业科技创新扶持政策,加大地热相关技术的科技攻关;建立政府地热专项发展基金,推进地热资源开发利用的产业化、配套化发展;建立地热资源开发与利用产业投资基金,完善相应的地热资源产业发展的投融资渠道、风险警示;严格执行地热产业示范区的建设制度,促进地热产业的商业化、规范化发展。

---

① 关锌:《借鉴国外经验,促进我国地热产业政策发展》,载《水文地质工程地质》2011年第2期。

最后,制定地热产业发展规划。省政府应当在国家总体规划的基础上,认真编制本省的地热资源开发利用规划和产业中长期发展规划,设计出地热资源开发利用规划图和产业发展路线图,并可根据地热产业发展的需要,协商制定区域性地热产业发展规划,指导本地区地热产业的发展与升级,使之能更好地与全省的经济社会发展相适应。

(四) 加强地热相关知识的教育和科研工作

首先,加强地热资源基础知识的教育和宣传。把与地热相关的知识融入大中小学教育以及职业技术教育中,并加强产学研三位一体的结合,不仅要普及地热基础知识,更要提高地热产业从业者的专业知识和职业技能。湖北省可以通过建立省级研发平台,成立类似于"湖北省地热能能源研发中心"之类的科研机构,专门负责地热人才的培养,实现关键技术的攻关突破。

其次,开展国际交流与合作,充分利用国外先进的技术。借鉴国外地热开发利用成功之路的模式和经验,扩大地热资源开发利用的领域和范围,改变湖北省地热产业开发利用技术落后、资金缺乏的窘境,促进地热产业的技术创新与地热市场的合理竞争。

咸宁市地热资源开发利用的机遇与挑战

巨 英[*]

咸宁市地处鄂南,是武汉城市圈的重要组成部分,辖嘉鱼县、通城县、崇阳县、通山县、赤壁市、咸安区四县一市一区,素有"湖北南大门""武汉后花园"之称,全市面积 9861 平方公里,290 多万人口,享有"桂花、楠竹、茶叶、苎麻、温泉之乡"之誉。温泉开发历史悠久,地热温泉享誉中外。近年来,咸宁市温泉资源开发力度不断加大,建成了一批以"温泉"为主题的温泉景点、酒店及旅游企业,被誉为"中国温泉之乡",仅在市区就有 12 眼温泉。近几年,咸宁市主要经济指标增幅持续位居全省前列,有几项指标连续 5 年夺得全省第一,这得益于近年来咸宁市政府对当地优势地热水资源——温泉的开发。咸宁市地热资源分布较广,所辖 6 个县市区均有地热资源分布,全市已发现地热田 7 个,市中心城区温泉被誉为"华中第一泉",富含钠、钾等 10 余种矿物质,可辅助治疗多种疾病。随着全球对温泉效应的防范以及对低碳经济与节能减排的倡导,地热资源作为绿色能源被广泛利用,日益受到重视。

一、地热资源保护与开发的优势

(一)地热资源数量多,质量好

咸宁市地热资源分布广,总储量 700 万吨,而且密集。在以"温泉"命名的中心城区,光是月亮湾一带就有 14 处泉眼。温泉地热水中含有多种微量元素和放射性元素镭、氡,对一些疾病的治疗有显著疗效。实践证明,利用温泉理疗对各种皮肤病的治愈率达 90% 以上,而对关节炎等运动系统疾病,在理疗并配合有关药物治疗时,治愈率可达 50% 以上。同时,温泉地热水理疗对心脏病、高血压等心血管病的治疗也有一定的疗效。就是因为咸宁温泉的这些特点,当地温泉开发历史比较久远,从明朝开始就有开发温泉治疗的记录,这也为现在的温泉开发提供了借鉴。

---

* 巨英,湖北经济学院思想政治理论课部副教授,博士,研究方向:环境政治学。

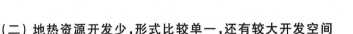

（二）地热资源开发少，形式比较单一，还有较大开发空间

自咸宁市成功举办第一届国际温泉文化旅游节以来，温泉开发受到极大重视。温泉开发集中在旅游领域。2009 年 11 月 7 日，咸宁市成功举办了首届国际温泉文化旅游节，一批以"温泉"为主的酒店、景区相继开业。据统计，由于这次旅游节的举办，全市旅游收入增长 23.3%。当地对温泉的开发过程，侧重在旅游方面，有少量地热水用于能源开发，但是技术并不成熟，而且这种开发仅仅局限在市区，很多下辖县市受地热分布相对分散、当地资金有限等条件的限制，对温泉资源开发较少，目前，只有市区和赤壁市在温泉开发方面建立了温泉品牌，崇阳县浪口地热田处于待开发状态，通山县西坑潭地热田和王家庄地热田、通城县茶铺地热田几乎没有什么开发，所以温泉在这些地方并没有受到多少人为的污染。这为制定统一的政策法规提供了便利。

（三）地热资源开发过程遵循政府监管、市场调节的原则

由于咸宁市的地热资源十分丰富，许多企业开始慕名入驻，这也给当地热资源保护带来了挑战。为此，咸宁市政府专门建立了质量检测报告制度，即在企业正式利用当地地热水资源之前，必须提交质检报告，证明本企业对地热水的开发符合国内认定标准，并有能力处理好开发对地热水造成的污染。在地热水开发量方面，政府要求凡使用地热水的单位和个人，必须在进水口处安装计量仪表，按核定的取水量取用地热水。采用梯级收费标准，让市场自行淘汰地热水开采量大、污染相对较重的企业。

（四）地热资源开发模式绿色环保

咸宁市温泉资源开发，主要集中在服务、医疗、水产养殖、居民生活、科研等领域，用于第一、第二产业的极少，取得了良好的经济、社会和环境效益。现在已经形成了一条环保之路：服务方面，有三江森林温泉、温泉谷、碧桂园温泉、瑶池温泉等为代表的温泉旅游产业；医疗方面，有以 195 医院为代表的利用地热流体中的微量元素和放射性元素治愈疾病的先例；科研方面，咸宁市地震局利用地热水的深循环变化条件对热水中的氡含量进行了观测和测试工作，为区域性地震分析积累了宝贵资料。咸宁市委、市政府在制定区域战略发展时，高度重视"中国温泉之城"的建设工作，大力推动全市地热资源的开发利用，推进以温泉文化为核心的旅游产业，这为咸宁市绿色、低碳的地热开发模式提供了契机。

（五）积极推动地热资源开发和保护立法

近年来，咸宁市政府引进国外比较先进的开发理念，在开发过程中力求品质，并与多家国际性旅游开发公司达成了开发协议。通过借鉴国外绿色、低碳的发展理念，温泉保护也日益科学化。在推进温泉资源保护的工作中，咸宁市政府批准成立了隶属于咸宁市国土资源局的市地热水管理站，统一管理全市地热资源。县、市、区国土资源局均由内设的矿管股管理辖区内的地热资源。2010 年 6 月，咸宁市政府办公室下发了《关于加强城区地热资源开发利用管理的通知》,全面规范了咸宁市中心城区地热资源的管理。咸宁市在温泉开发中遵循集中统一原则,建立地热资源保护区:月亮湾一带 40 ℃等值线范围的长条形地带为Ⅰ级保护区,在超采地段严格控制开采量;加强各地热田开采量的控制和管理,各地热田的地热流体开采量不得大于可开采量;加强能源管理工作,依靠科学技术,在开发能源的同时,建立起资源保护系统,强化回灌开发的管理措施。在温泉的开发过程中,建立起一套完整的环境资源评估体系,企业在申请开发温泉资源时,必须提供质量检测和评估表,达到标准后才允许开采。

二、地热资源开发利用的劣势

咸宁市温泉开发利用虽然面临着较多优势,但是由于主客观方面的原因,也存在明显的劣势。

1. 咸宁市地热资源勘查评价程度低。各地地热资源总量只是个概数,至今尚未取得公认的统一数据。经过资源储量管理部门审批可作为进一步勘查或开发利用规划的地热田占已发现地热田的比例较低,勘查评价程度较低。

2. 地热资源开发利用水平低且浪费严重。地热资源在开发中有相当一部分天然温泉水没有充分利用,被白白浪费;井采地热水回收率低,利用方式单一,弃水量大、温度高。

3. 缺少先进的信息管理系统,管理手段落后,信息反馈不灵,管理自动化和信息化程度较低。急需建立地热资源信息数据库和管理系统,为科学规划与指导咸宁市地热资源勘查、开发、有序发展提供基础资料。

4. 地热开发利用技术的研究和应用推广有待加强。由于政策、资金等方面的不足,当前咸宁市地热开发技术较为落后,一定程度上影响了地热资源产业的发展。

三、地热资源开发利用面临的机遇

(一) 地理位置良好,地热资源储量充足

咸宁市城区位于湖北省东南部,地处江汉平原的边缘,位于幕阜山系和长江之间的过渡地带,湖泊港汊多,河网密度大;属亚热带季风性气候,四季分明,气候温和,雨量丰沛,地表水及温泉资源都较为丰富。并且咸宁市已开发利用的温泉资源比重较小,温泉资源储量充足。水资源对人类的生产生活有着不可或缺的作用,温泉作为水资源的重要组成部分之一,也应该被合理地保护与利用。

(二) 咸宁市地热资源勘查工作取得阶段性成果

咸宁市地热资源勘查始于 20 世纪 60 年代。20 世纪八九十年代,先后开展了湖北省咸宁市温泉地热区初勘阶段水文地质勘查工作,咸宁市城区(部分)1/2.5 万城市供水水

文地质初步勘查以及咸宁市城区环境水文地质现状调查,湖北省蒲圻(赤壁)市五洪山 2 号井医疗矿泉水源地勘查、湖北省崇阳县浪口医、饮两用矿泉水调查研究等工作。从 2004 年开始,地方政府加大投入,先后投入资金 2000 余万元,对全市主要地热田进行了 勘查评估工作,陆续开展了咸宁市温泉地热田地热资源详查及深部勘查、赤壁市五洪山 温泉资源评价、赤壁市五洪山地热田地热资源储量普查、崇阳县浪口地热田地热资源详 查、嘉鱼县蛇屋山地热资源勘探、通山县西坑潭和王家庄地热资源普查等工作。通过上 述勘查,基本查明了各地热田的不同含水岩层的岩性组合特征、相变规律;较为详细地研 究了各地热田构造形迹的性质、规模及其与地热流体的分布、径流及排泄的关系;初步查 明了地热流体的形成和补、迳、排条件,并对地热流体资源进行了计算,为合理开发利用 地热流体提供了较翔实的科学依据。

(三)建立了较为完善的地热资源管理制度和体系

1. 重新修订出台了《咸宁市地热资源管理实施办法》。咸宁市政府发布了《关于加强 城区地热资源开发利用管理的通知》,提出了计划用量,超采加费,严禁房地产使用地热 资源等进行规范管理。

2. 科学编制地热资源勘查开发利用规划。充分发挥社会各方面力量开发利用地热 资源的积极性,真正实现科学、有序、合理、可持续利用地热资源。

3. 理顺体制,健全管理机构。成立了隶属于咸宁市国土资源局的地热水管理站,统 一管理地热资源。

4. 全面开展地热资源的动态监测。开展了咸宁市温泉中心城区地热流体的动态监 测工作,主要监测城区地热田地热流体的水位、水量、水质和水温的变化情况和开采地热 对地质环境的影响。2013 年建成了温泉地热田自动监测监控系统。

(四)国内外已有的地热资源保护经验

地下水使用初期,咸宁市地下水的利用分为两部分,一部分是由饮用水公司使用,为 当地居民提供饮用水;另一部分是由当地经济开发区使用,促进当地经济的发展。但是 其被开发利用的时间不长,地下水的检测设备以及保护设施都不完善。一方面,由于咸 宁市地下水资源开发历史不长、保护设施不完备,容易造成对地下水资源的破坏与不合 理利用;但另一方面,正是因为其利用地下水时间不长,而国内其他地区(如北京、济南、 山西、辽宁)或者其他国家(如英国、美国、匈牙利)都有不少地下水利用以及保护的成功 经验。无论是地下水保护的理论方法,还是技术手段,都有值得学习与借鉴的地方。因 此,咸宁市在地下水保护上可以少走许多弯路,不用"摸着石头过河",其可以通过学习和 借鉴那些成功的经验并结合咸宁当地的实际情况,找到一条适用于咸宁本地的地下水资 源管理、保护与开发利用的方案。既促进当地经济稳步发展,又能对当地的水资源进行 合理有效的保护。

(五)科学技术的不断发展

随着我国经济不断发展,综合实力不断壮大,科学技术发展的步伐也在不断向前迈进。技术的发展，能够为我们创设一个获取地下水数据的新技术，有利于构建一个科学的地下水网络监测系统，包括对水位、水质以及流量等多方面的实时监测。既能够为地下水研究提供科学的数据，又能在互联网的信息技术的基础上，将地下水数据与资料进行储存、发布与共享，使国内各省各地的地下水数据实行互通，形成一个大的地下水数据库。这样一来，咸宁市地下水数据资料能够实现不断地更新，可根据这些不断变化的数据，制定地下水保护的措施与方案，并配以合理的设备。咸宁市地下水保护的进程将在科学的帮助下不断发展。

（六）人们对温泉保护的意识不断提高

随着经济的发展，人们对环境的要求也越来越高。人们的环境保护意识也就不断随之增强，对资源的节约与保护有一个更加清楚的认识。与此同时，咸宁市政府通过不断的努力，建设地热水监测系统与保护管理设施，不断完善地热水保护机制。

四、地热资源保护与开发面临的挑战

（一）利用方式单一，资源浪费严重

目前对地热资源的开发利用还处于自发和粗放阶段，资源浪费现象十分严重。地热资源开发单位对地热资源重要性认识不足，随着咸宁市发展机遇的到来，大量工业园在咸宁落户，出现大量单井独户开发利用不科学、资源利用率低等情况，导致地热资源浪费严重。目前咸宁市对地热资源的利用方式仅限于一些旅游区和宾馆的洗浴、供暖，工农业利用及二次利用涉及的很少，大多数地热资源没有得到综合开发利用。这主要表现在以下两方面：（1）有些开发单位将大量的热水不进行再次利用就随意排放，这些地热水尾水排放温度普遍较高，导致资源大量浪费；（2）单一利用地热水洗浴，对于 60℃ 以上的地热水，一些单位则采取简单方法散热降温，地热流体排放温度太高，不但严重浪费资源，也给环境带来污染。

（二）政府投入不足，技术研发应用不到位

咸宁市对地热资源的勘查方面投入很少，许多地热田在开发初期得不到政府的资金投入，各地热井均为探采结合井。地质勘查资金投入不足，勘查工作相对滞后，严重制约着地热资源的开发利用规划的编制以及实施。由于缺乏国内外先进技术和管理经验，现有的科研水平和技术设备有限，很少有人进行深层次的地热资源综合开发利用课题研究。

（三）融资机制不健全

可再生能源的发展需要先进的科学技术和大量的资金投入。为了使可再生能源的发展规模化和产业化，不仅要有政府的政策扶持，还需要拓宽融资渠道，建立市场准入机

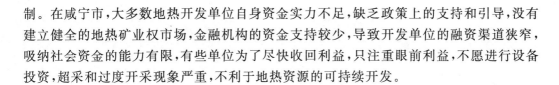

制。在咸宁市,大多数地热开发单位自身资金实力不足,缺乏政策上的支持和引导,没有建立健全的地热矿业权市场,金融机构的资金支持较少,导致开发单位的融资渠道狭窄,吸纳社会资金的能力有限,有些单位为了尽快收回利益,只注重眼前利益,不愿进行设备投资,超采和过度开采现象严重,不利于地热资源的可持续开发。

(四)地热回灌不及时,地面下沉

过度开采地热资源容易导致地面下沉。地面下沉会对周围环境造成很大的影响,如果沉降发生在居民住宅楼,会影响建筑物基础的稳定;如果在非人口居住区内发生沉降,同样会对地表水的径流系统造成负面影响。有的单位将温度很高的地热尾水未经处理直接排放掉,造成地热资源严重浪费。地热尾水回灌不仅可以形成地下水的良性利用,还可以减少污染、节约水资源。

随着地热资源开发利用的不断发展,地热井的数量和抽水量都逐年增加,有的地方已达到甚至超过资源评价所限定的抽水量极限。大量抽水而不回灌,势必造成水位持续下降,井的使用寿命将减少,不利于地热的持续发展。只抽不灌,不但不利于保护地热资源,同时也使含有某些有害成分的地热水被排放到地表水体或渗透到地下,造成不同程度的环境化学污染。有些排水温度超过环保的规定还会造成热污染。所以,回灌开采被看做是地热持续发展的重要措施之一。目前咸宁市仅有为数不多的回灌井,首先是政府和相关部门的认识不到位,资金投入少,难以开展回灌试验工作;其次是回灌试验需要的资金多,成本大,开发者难以看到长远利益,回灌积极性不高。人们过度开采地热资源,导致地下水位持续下降,水质降低,资源衰竭,不仅影响地热井的使用寿命,还加剧了地面沉降的程度。因为过度开采地热水会破坏整个地下水系统的平衡性,使水位持续下降,地面沉降程度越来越严重,甚至危害城市建筑安全。因此,开展地热尾水回灌技术示范与试验工作对开发地热资源至关重要。

(五)地热尾水利用不充分,环境污染严重

地热资源被广泛应用于生活的各个方面,不仅可以带动第三产业的发展,促进经济增长,而且可以改善空气质量——减少燃烧化石能源所产出的二氧化硫等氮氧化物和烟尘。此外,温泉中含有较丰富的微量元素,长期使用温泉洗浴有良好的医疗保健功效。但是,大多数地热井中含有的个别化学成分超过标准限值,如果不科学地处理化学成分较为复杂的地下热水弃水,势必污染环境。由于管理体制不健全,许多企业将地下尾水直接排入城市地下水管道或直接排入地表水体,造成环境污染。除此之外,地热水还会造成热污染、空气污染、放射性污染、噪声污染并由此引发地质灾害等问题。

(六)缺乏能源基本法和单项立法,地热资源法律体系不完善

能源基本法是能源法律体系的核心,对能源状况和能源经济关系作出一般性规范和全面规定,用以统领、约束、指导、协调各个单行能源法律、法规,其范围覆盖能源法律的一切基本方面。

虽然咸宁市已经出台了许多地热资源方面的地方性法规和政府规章（如《咸宁市矿产资源总体规划》和《咸宁市地热资源勘查开发利用规划(2011—2015年)》），但缺乏一部关于地热资源开发利用的单行法。地热产业的兴起和发展必须以一定的专项基本法律为依托和支撑，因为专项立法是资源开发利用的有力保障，地热资源开发利用单行法与能源基本法相比，其规定更为详细和具有针对性。因此，地热资源单项立法对于建立完整的能源法律体系是不可或缺的。

五、地热资源开发利用的对策建议

综合以上对于咸宁市地热资源保护的内部优势因素和劣势因素、外部机会因素和威胁因素的归纳和分析，对于今后进一步加强咸宁地热资源开发利用保护提出如下对策性建议：

第一，综合开发利用，提高地热资源开发利用效率。加强地热资源勘查评价，提高资源储量管理部门审批效率，建立地热资源信息数据库和管理系统，科学规划与指导地热资源勘查开发，提高地热资源利用效率。

第二，加大政府投入和技术研发应用水平。政府相关部门应充分认识地热资源开发对于地方经济社会发展的推动作用，在政策、资金等方面进行引导和扶持，拓宽融资渠道，建立市场准入机制。同时开展地热尾水回灌技术示范与试验工作，加强新科技的推广和应用。

第三，充分利用地热尾水，加强环境保护。建立严格的地热水监管制度，禁止企业将地下尾水直接排入城市地下水管道或直接排入地表水体，对于违规造成环境污染的企业，实施严惩重罚。

第四，完善地热资源的地方性法规和政府规章，积极推动地热资源基本法的出台。咸宁地热资源的开发利用和地方立法已经取得了初步的成效。在此基础上，应加强横向交流和合作，积极呼吁和推动关于地热资源基本法的出台，进一步规范整个地热资源产业的开发和利用，实现经济社会的可持续发展。

湖北省地下水农村面源污染防治对策

陶珍生　杨珂玲*

一、湖北省地下水污染及来源

　　"千湖之省"的湖北不仅江河湖泊众多,更有丰富的地下水资源。据官方统计,2012年全省地表水资源量 783.76 亿 m³,地下水资源量 262.77 亿 m³,约为地表水资源量的三分之一,其中平原地下水资源量 68.07 亿 m³,丘陵地下水资源量 196.53 亿 m³。近年来,湖北地下水资源的开发利用程度不断提高,在保护机制及措施不健全或滞后的情况下,可利用的地下水水资源污染问题日趋加剧,甚至有在局部地区引发水安全问题的可能。据省水文局近十余年的地下水质监测资料,根据《地下水质量标准》(GB/T14848-93),目前湖北省各类型地下水质均遭受到亚硝酸盐氮、氨氮、硝酸盐氮等化学组分的严重污染,且程度在逐步提高。省内地下水浅水层已不适合直接作生活饮用水源,中层水也已大面积受到污染。据 2011 年全省 80 个地下水监测站点的水质监测综合评价结果显示:地下水质极差的占 30%,较差的占 42%,较好的仅占 28%。单项组分评价的超标项目分布见下图。

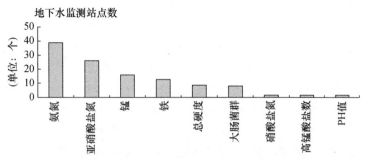

2011 年湖北省 80 个地下监测站点超标项目分布图

---

　　* 陶珍生,湖北经济学院讲师,经济学博士,湖北经济学院新农村发展研究院研究员,湖北水事中心研究员;杨珂玲,湖北经济学院副教授,经济学博士,环境法博士后,湖北水事研究中心研究员。

目前,地下水污染日趋严重的现状已引起政府部门及社会各界的重视和关注,要遏止污染加剧,治理看不见的地下水,必须追根溯源。造成地下水污染的来源一般分为局部性的、集中排泄的点源(如工业废水和城镇生活污水等)和区域性的、分散排泄的面源(如农用化肥、农药、畜禽粪便和农村生活污水等)及地下水严重超采所带来的地下水污染。据2010年公布的第一次全国污染源普查公报显示,湖北省水体污染源共268969个,其中农业污染源195228个,占其中的72.58%。2010年,湖北省农业源产生的化学需氧量排放量占全省排放总量的35.7%。总氮排放量占全省排放总量的58.25%,总磷排放量占全省排放总量的67.7%。同时,由于农村地区污染处理基础设施的不足造成的农村环境问题的加剧,使得农村生活污水和垃圾通过地表径流及雨水淋溶,污染地表及地下水。据湖北省水文局对全省84个地下水监测的水井位置、井口保护情况、地质类型、地下水类型、地下水质评价结果等解析后得出:地下水质极差和较差的监测站点中,67%的地下水污染是受地表面源污染所致;23%的地下水污染是受点源污染所致;10%的地下水污染是由地质环境因素导致。综上,农村面源污染已成为湖北省地下水污染的第一大污染来源。

二、湖北省地下水污染农村面源污染渠道解析

湖北省纵横交错的河网、渠系成为连接陆域农田与主河道、湖泊的直接通道,使得距离主河道和湖区较远的农田即使在地表径流较小条件下也很容易形成面源污染。湖北省农村面源污染进一步导致地下水污染的渠道主要表现在以下几个方面:

1. 种植业污染。农业生产活动大量使用的农药、化肥、除草剂及用污水进行农田灌溉等行为,造成农业种植区地下水大范围污染。2011年湖北省化肥使用量为354.89万吨,单位面积使用量达到1055.7 kg/hm²,该值是发达国家设定防止化肥对水体造成污染上限的4.7倍;2011年农药使用量13.95万吨,单位面积使用量达到41.5 kg/hm²,有效灌溉面积2227.63 khm²。据研究结果推算,湖北省每年化肥流失率中,氮肥占60.2%,磷肥占21.5%,钾肥占3.3%,复合肥占15%;喷洒的农药一般只能被农作物吸收15%,其余的都散落在空气和土壤中,然后通过降水进入地表径流或地下水中造成水体污染。农田污染地下水超标率高的项目依次为:亚硝酸盐氮、氨氮、高锰酸盐指数、硝酸盐氮。

2. 畜禽养殖业污染。2011年湖北省牲畜出栏(笼)牛126.4万头,猪4499.7万头,羊501.9万只,家禽45885.1万只;牲畜年末存栏大牲畜321.8万头,猪2533.1万头,羊422万只。据畜禽日排放量系数相关研究,可得湖北省2011年畜禽养殖污染物排放量结果如下:粪便8335.69万吨,尿8210.4万吨,COD 718.3万吨,氨氮101.5万吨。其中畜禽粪便中总氮的流失率约为24%。这些未经处理而流失的大量畜禽排泄物因降水冲刷、淋溶间接或直接入渗进入周围的地下水体,使地下水中的硝态氮和细菌总数等有害物质超标。

3. 水产养殖污染。湖北地表水资源丰富,养殖业发达,2011年湖北省水产养殖总面积1068.46 khm²。水产养殖中鱼类粪便和投入的饵料、肥料及药物直接以分散形式进入

水体,造成周围水域的富营养化以及养殖水域底泥的富集污染。同时,受渔业污染的地表水通过入渗及灌溉,进入地下水体对其造成污染。

4. 农村生活污水和垃圾污染。2011年湖北省农村人口4057.1万人,农村地区生活污水是分散式排放,未经过处理,因此设定农村生活污水产生量等于排放量。由此推算得出2011年湖北省农村生活污水排放11.8亿吨,TN为7.4万吨,NH-N为5.92万吨。湖北大部分村寨没有专门的排水管网,生活垃圾大多未经无害化处理在村寨周边随便堆放,经过雨水冲刷进而对地表水或地下水造成污染。

通过对湖北典型地区的实地数据采集与调研发现:(1)黄冈市监测的9处地下水水井,含水介质类型属承压水。地下水位因人工开采呈面状下降,而河水位相对较高,在水位差的作用下,河水源源不断地侧渗补给地下水。结果显示,9处地下水监测站点中8处氨氮超标,1处亚硝酸盐氮超标,主要原因是该地区的水井以浅层井居多,与江河湖库水力交换频繁,下雨容易渗透,又由于该地区地表水主要受农村面源污染,故黄冈市监测站点的地下水主要受农村地表污染。(2)孝感市监测的8处、十堰市的2处(评价结果没有超标项目,但氨氮、硝酸盐氮相对较大)水介质类型为孔隙水,属潜水。监测点多属于农村地区分散式开采的民井,四周均为农田,其主要补给来源于地表水,氨氮、硝酸盐氮较大说明了浅层地下水水质受到农村面源污染的影响较大。(3)宜昌市监测的3处地下水水质站点,含水介质类型为岩溶水和孔隙水,属潜水,硝酸盐氮和亚硝酸盐氮超标。由于我们调查的地下水监测点水井在农村,除自建农房外四周均为农田,且属于潜水层,即浅层地下水,其主要补给来源于地表水,水质的污染源主要是农业面源污染和生活污水。(4)荆州市的9处地下水井均为封闭机井,周围基本无污染源。主要超标项目是氨氮、亚硝酸盐氮,个别站点铁、锰、大肠菌群、总硬度含量偏大。主要原因是人为污染源及潜在污染源包括富含氮的工业废水、生活废水、农家肥、垃圾填埋场渗滤液等污水,经雨水和地表渗透淋滤产生高浓度的氨氮和硝酸盐的渗滤液。由于无收集措施,致使产生的渗滤液直接排入到地下,污染地下水。(5)襄阳老河口市卢营村的地下水井,主要超标项目是总硬度、亚硝酸盐氮、锰。总硬度超标是地质成因造成的;亚硝酸盐超标是因为过去此站为主河道,农田改成居民区,因此其污染来源主要是农药化肥及人畜粪便;锰超标,是因为该地存在于汉江一级阶地,地下水铁锰含量普遍较高,属于地质背景。

综上,随机、分散排放的农村面源污染对湖北省地下水质已造成极大影响。目前,地表水农村面源污染治理已成为湖北省"十二五"规划的工作重点。同时,由于地下水具有的隐蔽性和系统复杂性,人类活动对地下水造成的污染更难以修复。因此,湖北省地下水农村面源污染防治已刻不容缓。

三、湖北省地下水面源污染治理与防范对策

"千湖之省"的湖北优于水也忧于水,地下水质的恶化不仅直接映射了地表的经济结构与层次,还通过恢复或循环使用造成经济、社会及环境成本,影响到社会与环境的协调发展。基于此并鉴于农村面源污染排放的随机性、分散性及对地下水污染的影响,本文

充分借鉴国内外治理经验,对我省地下水农村面源污染的防治提出以下三个方面的政策建议:

(一)贯彻科学发展理念,统一经济增长与农业产业结构优化两大目标

地区水资源的质与量具有随经济发展而变化的动态特征,从结构上看,产业结构越低级,对水资源的利用越粗放,引起的污染现象则越普遍,反过来又制约经济的增长;产业结构高级化程度越大,水资源利用效率随之提升,污染越能被有效杜绝,进而保障了经济与环境的协调可持续发展。因此,深入贯彻科学发展观,不断推动产业结构优化升级是跳出经济增长与水环境恶性循环的根本途径。

农业产业结构优化包括两大方面,其一是农业内部产值结构合理化;其二是农业结构高度化。在粮食安全及农产品需求约束下,推动农业生产高度化是降低水资源消耗、提高农业用水效率的主要途径。针对湖北省农业水污染特点,可采取以下措施:一是,加强农业科研创新体系建设,培育农林、畜牧和水产品的良种繁殖,打造湖北农业科研技术创新中心。二是,加快技术集成示范和推广运用,在农村选择一批科技示范户,着力提高科技示范户的学习接受能力和辐射带动能力,形成以户带户、以户带村、以村带乡的农技推广新机制。三是,大力发展节水技术和设施,加快制定农业节水基本章程和相关技术操作规范,积极扶持和引导农民使用农业节水技术和设备。建立有效的利益激励机制,推动政府,集体,企业和农户共同参与农业节水建设的局面。四是,对粮食主产区和地下水污染较重的平原区,大力推广测土配方施肥技术,积极引导农民科学施肥,使用生物农药或高效、低毒、低残留农药,推广病虫草害综合防治、生物防治和精准施药等技术。开展种植业结构调整与布局优化,在地下水高污染风险区优先种植需肥量低、环境效益突出的农作物。五是,完善组织结构,转变发展方式。发展各类农业专业化协会和农民自己的经营组织,着力提高农民结构优化的组织性和主动性,保障政府的农业结构优化战略顺利推进,并最终实现农业生产方式、生产手段和生产规模的根本性转变。

(二)提高认识,防止地下水面源污染

一是,健全农村地下水源保护机制。对农村地下水的开采利用情况及破坏程度进行调查。鼓励农民改变农作物耕种方式,种植天然绿色农作物。并对农户施有机肥和减少农药量给予补贴,同时对农户生产的绿色农产品提供输出渠道。二是,严格控制污水灌溉对地下水造成的污染。要科学分析灌区的水文地质条件等因素,客观评价污水灌溉的适用性。避免在土壤渗透性强、地下水位高、含水层露头区进行污水灌溉,防止灌溉引水量过大,杜绝污水漫灌和倒灌引起深层渗漏污染地下水。污水灌溉的水质要达到灌溉用水水质标准。三是,针对农村生产生活中的农用井,按功能区划分类设立井口保护措施,实现开发和保护的统一。针对保护区的地下水情况,进行地下水监测、分析,确定污染源及污染途径和地下水系统的敏感区,以期解决地下水问题。四是,严控养殖场污染物的处理排放。要做到所有的排泄物都要经过无害化处理以后再排放到环境中。对于养殖场产生的畜禽排泄物的处理,可采用目前流行的干燥处理法或现代堆肥化处理法。处理

后的畜禽粪便可加工成颗粒肥料,或作为畜禽的饲料。五是,加快农村城镇化建设的步伐。建设农村生活污水收集管道工程和垃圾的无害化处理。六是,加强宣传教育、鼓励公众参与。综合利用电视、报纸、互联网、报纸杂志等大众媒体,宣传地下水污染的危害性和防治的重要性,增强公众地下水保护的危机意识,形成全社会保护地下水环境的良好氛围。

(三)建立地表及地下水环境监测体系,统一地表与地下水两个水环境

地下水和地表水相互作用,紧密相连。在通常情况下,地下水接受降雨或融雪入渗补给,向位于地形低处的河流、湖泊排泄。除地表径流和直接降水外,地下水是河流与湖泊水的主要来源。特别是在枯水季和枯水年,河流与湖泊水几乎全部来自地下水。历年来,湖北省在地表水资源利用与开发上的制度不断完善,受到了相关部门的足够重视。然而,长期以来,我省虽在重点区域、重点城市地下水动态监测和资源量评估方面开展了相关工作,但尚未系统开展全省范围地下水基础环境状况的调查评估,难以完整描述地下水环境质量及污染情况。因此,今后必须将地表与地下水环境的开发利用、监测监管、污染防治以及立法保护统一起来,才能真正达到系统治理、综合利用的效果。

武汉市疏干排水施工降水问题与应对

王玉宝[*]

王玉宝[*]

近年来,随着城市建设步伐的不断加快,建设项目中的疏干排水施工降水对地下水及周边环境造成的影响日益显著。在建设项目中进行土方开挖时,如果该地区的地下水位较高,基坑的底标高度低于地下水位,就会遇到地下水。地下水渗入基坑内对基坑施工造成不便,同时浸泡地基土、扰动地基土,会造成建筑物不均匀沉降,有时地下水的渗透还会造成边坡塌方的现象。因此基坑内排水是大多数土方开挖工程中的一个必经环节。

一、武汉市疏干排水施工降水现状

1. 疏干排水施工降水的概念与分类

所谓疏干排水施工降水,是指在建设工程施工过程中,采用排水沟、管井、井点等途径抽排地下水的施工措施。

疏干排水施工降水按排水时间及性质分,有基坑开挖前的初期排水和基坑开挖、建筑物施工过程中的经常性排水;按排水方法分,有明式排水和井点降水两种方式。

初期排水主要是指在建设项目的初期,对基坑积水、围堰与基坑渗水、降水等的排出,有时还包括对填方和基础中的饱和水的排出。初期排水排干基坑内积水后,紧接着进行的就是经常性排水。

明式排水是指在建设项目的基坑内布置排水系统(排水沟和集水井),收集基坑内的渗透地下水、雨水和施工废水,再利用水泵将水排出基坑外;井点降水是指在基坑四周打井,从井中抽水,井的附近形成地下水降落漏斗,各降落漏斗相连,使得基坑内大面积地下水水位降低。

2. 武汉市建设项目发展状况

近年来,武汉市建设项目发展迅猛,以轨道交通、过江通道、快速路、主干道、景观路、

---

* 王玉宝,湖北经济学院统计学院讲师,湖北水事研究中心研究员。

水环境整治为代表的市级重点项目突飞猛进。未来若干年仍将是武汉城市大规模建设时期,城市建设力度还会持续大幅增长。以近两年为例,2012 年武汉市新开工城建重点工程项目 25 项,续建重点项目 17 项;2013 年武汉市新开工城建重点工程项目 22 项。

众多城建重点工程项目的开工,使武汉市工地数达到一万多个,每年的城建投资超过 1000 亿,武汉俨然已变身为一个大工地。众多工程项目的开工建设,使得建设项目疏干排水施工降水问题成为武汉市的一个新挑战。

3. 武汉市建设项目疏干排水施工降水水量测算

疏干排水施工降水中所排地下水的水量取决于工程规模和地下水渗透系数,下表给出了透水地基上的基坑的渗透系数:

表　1 米水头下 1 平方米基坑面积的渗透流量

土类	细砂	中砂	粗砂	沙砾石	有裂缝的岩石
渗透流量(m³/h)	0.16	0.24	0.30	0.35	0.05—0.10

通过测算发现,武汉市近年来疏干排水施工降水抽排的地下水水量递增速度较快,预计 2016 年抽排的地下水将达到 26.5 亿吨,这相当于全市居民生活用水的半年用水量。2006—2013 年武汉市建设项目抽排地下水水量和增速图如下:

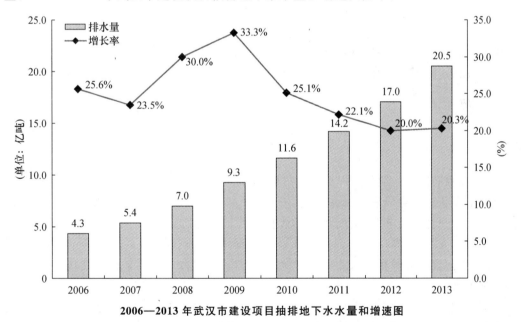

2006—2013 年武汉市建设项目抽排地下水水量和增速图

二、疏干排水施工降水造成的问题

地下水的过量抽排对地下水水质和周边环境造成了一系列影响,主要体现在以下几个方面：

1. 地下水的过量抽排造成地下水水量大幅减少，使得地表水渗透地下的速度加快，渗透到地下的地表水将大量的污染物一并带入到地下，从而造成地下水污染。通过地下水监测部门的数据显示，近年来武汉市地下水水质呈现持续恶化的态势。

2. 地下水的过量抽排造成地下水水位降低，进而引发地表沉降。2009 年，后湖塔子湖体育馆出现大范围地表沉降；2010 年 11 月，武昌区长江紫都小区多位业主反映，小区地表出现不同程度下沉，最深处有 20 多厘米；2010 年 11 月，武昌区江南明珠园小区内的 6 号楼周围地面大面积下沉，造成部分墙体开裂，沉降裂缝有 5 指宽；2012 年 4 月，汉口同安家园小区地面出现大规模沉降，小区一期临街 20 来家商业门店前，地面下沉明显，地面与墙体之间的裂缝大小不一，大的可以伸进一个成年人的拳头，小区内也有多个地方出现不同程度的下沉。

通过查阅资料，建设工程过量抽排地下水与周边地表沉降有高度关联性，并呈现以下特点：(1) 基坑降水作业点离基坑越近，沉降量越大，反之越小；(2) 基坑抽排水作业会加大地表沉降量并加快地表沉降速率，抽排水量越大，这种加速效果越明显，抽排水量与地表沉降量及沉降速率呈现正相关关系；(3) 部分建设项目的记录数据显示：抽排水基坑周边地表沉降量和沉降速率通常超过建设项目设计的控制值。

3. 地下水的过量抽排造成地下水水位降低，进而引发管线沉降。供热、供电、燃气、输油、供水等公共管道设施被称为"城市生命线"，是保证城市正常运转最重要的基础设施，城市管道系统一旦发生安全事故，不仅会造成重大经济损失，还会造成巨大的社会不良影响。随着疏干排水所抽排的地下水量逐年递增，以及大型建筑工程的施工开挖过程中不规范降水施工的增多，地下水水位快速降低，由地下水下降引起的大面积或局部地面沉降对管道安全运行的影响也日益突显。

三、应 对 措 施

第一，政府应加大地下水保护宣传力度，不仅要让工程项目建设者，也要让全体市民知晓地下水状况恶化带来的一系列严重后果，提高全体民众保护地下水的意识。由于武汉的地表水资源较为丰富，民众对地下水的保护意识还比较淡薄，此时教育宣传的边际效应是比较大的，政府应充分利用广播、电视、报纸、杂志、学校、文艺、广告牌等多种媒体，向工程项目建设者和全体民众大力宣传地下水保护的方针、政策和法规，强化广大民众的地下水保护意识。

第二，对新开工的工程项目应尽可能限制其进行疏干排水和施工降水，应积极鼓励建设单位或施工单位采用连续墙、护坡桩＋桩间旋喷桩、水泥土桩＋型钢等帷幕隔水方法，隔断地下水进入施工基坑内。

第三，对必须进行疏干排水施工降水的建设项目，水务部门应当从项目勘查、设计、施工和完工后影响等各环节对其加强监管：项目建设单位作为疏干排水或者施工降水工程的责任人，应当择优选择具备相应资质和能力的单位开展项目勘查、设计，编制建设项目水资源论证报告书；建设单位对建设项目疏干排水和施工降水对地下水资源及周边环境造成影响的，应提出并实施相关处理措施，因疏干排水和施工降水影响他人生活、生产，造成损失的，建设单位应当依法予以补偿。

监管工作应该全面、高效、及时，市、区水行政主管部门在监管过程中既要考虑水量、水位的监管，也要加强对水质的监管，应加强地下水监测站网的建设和管理，开展地下水水质、水位的动态监测，逐步实行实时在线监测，防止地下水枯竭和水质污染。

第四，严格执行有偿使用的原则，积极落实《武汉市疏干排水施工降水管理办法（试行）》，对月排水量在 5 万 m³ 以上或者年排水量在 50 万 m³ 以上的疏干排水或者施工降水项目，建设单位应到市水行政主管部门申请领取取水许可证，并缴纳水资源费。月排水量在 5 万 m³ 以下或者年排水量在 50 万 m³ 以下的疏干排水或者施工降水项目，建设单位应到项目所在区水行政主管部门申请领取取水许可证，并缴纳水资源费。

第五，积极鼓励建设单位对抽排的地下水进行回收利用，以节约水资源，市、区水行政主管部门应当加强对建设项目疏干排水或者施工降水的指导服务和监督管理，指导建设科学利用地下水，避免浪费和污染地下水。

第六，政府应出台符合武汉市实情的政策法规，并加大执法力度，对违规抽排的行为要严格制止并进行相应处罚，对保护地下水有功劳的单位和个人要加大奖励力度，并树立为榜样和模范。

问题聚焦

水资源评价

当前我国水资源形势十分严峻,正确评价城市水资源供需状况,是进行水资源规划、合理利用水资源、实现水资源可持续利用的前提。研究区域水资源可持续利用评价指标体系及其评价方法,对区域水资源可持续状况进行定量评价,可以全面反映区域水资源系统的发展水平以及它同社会、经济、环境系统的协调状况,这对于区域水资源可持续利用和生态环境建设具有重要的理论研究意义和应用价值。

健康湖泊评价标准体系的构建

张宏志　龚　哲　王玉宝[*]

一、建立健康湖泊评价标准体系的意义

21世纪以来,随着经济的飞速发展和人口的膨胀,各种生态问题也日益凸显。湖泊作为湖北省重要生境之一,提供了多种服务功能,其健康状况与我省社会经济可持续发展以及我省和谐社会的构建密切相关。如何全面、科学地评价湖泊的健康状况,正成为环境科学和生态学研究领域关注的热点问题之一。对湖泊生态系统进行研究,建立湖泊生态系统健康评价体系,不但可以为我省湖泊环境综合治理提供可操作的依据,而且还有利于湖泊生态系统的可持续性管理和合理利用,实现生态、社会、经济三方面效益的协调。

(一)为湖泊生态环境监督管理提供定量化依据

环境标准是环境监督管理的依据。以污染防治为主的环境标准体系在我国的环境监督管理中发挥了重要作用。然而,由于生态环境标准的缺乏,我国的生态环境监督管理往往缺乏定量化的依据,对人为活动的控制难以操作。虽然我国的《环境保护法》《森林法》《草原法》《水土保持法》等以及我省的《湖泊保护条例》《水污染防治条例》等法律法规中都包含了湖泊水生态环境保护的有关条款,但由于缺乏定量化的标准,合适的人为活动方式和强度没有以具有法律约束力的技术法规形式确定下来,过度砍伐、过度放牧、水资源利用不合理等过度的人为活动往往不能得到有效遏制,造成湖泊水生态环境不断恶化。有了健康湖泊评价标准,湖泊水生态环境监督管理就有了定量化依据,湖泊水生态保护相关法律法规的实施就可以落到实处。

---

* 张宏志,湖北经济学院统计学院副教授,湖北水事研究中心研究员;龚哲,湖北大学政法与公共管理学院讲师,中南财经政法大学环境法博士,湖北水事研究中心研究员;王玉宝,湖北经济学院统计学院讲师,中南财经政法大学经济学博士,湖北水事研究中心研究员。

（二）为湖泊动态管理保护奠定基础

目前，在我省大规模开展湖泊健康评估工作条件尚不成熟的情况下，要积极开展试点、总结规律、积累经验，建立湖泊健康评估的基本方法、技术标准体系和工作机制，最终实施对所有重要湖泊的"定期体检"。同时，要完善湖泊水量、水质和水生态系统监测计量系统建设，加强对湖泊水文水资源、物理、化学以及生物特性的监测，这能为实现湖泊动态管理保护奠定坚实基础。

（三）有助于明确湖泊水生态环境保护和建设的方向

湖泊水生态环境标准是对水生态环境组成要素和控制项目在规划时间和空间上予以分解并定量化的产物，因而湖泊健康标准指明了一定时间内生态环境保护和建设的具体目标，是生态规划的体现。将生态环境现状与生态环境标准进行对比，可以明确我省湖泊水生态环境保护和建设的方向。

（四）有助于提高湖泊水生态环境评价的科学性

确定评价标准是生态环境评价的重要基础。一直以来，湖北省高度重视湖泊环境保护，在湖泊水生态环境评价方面也开展了大量工作，评价对象涉及水生态系统和多个区域，研究探索了许多评价指标体系。然而，由于健康湖泊标准体系缺乏整体性与科学性，在这些评价研究中所确定的有关生态环境方面的评价标准（指标的界限值），往往既缺乏充分的科学依据，又不具统一性，从而影响了评价结果的科学性和可比性。同时，生态环境标准与其他标准一样，是以科学技术和实践成果为依据制订的，具有科学性和先进性，体现了当今的先进技术和做法。而生态环境标准的强制性，可以促进生态环境保护技术在全社会推广。

二、国内外湖泊评价标准研究及应用现状

（一）国内外相关理论研究现状

生态系统健康是生态环境和资源管理的一种新思维和新方法，在可持续发展思想的推动下，生态系统健康研究已成为国际生态环境领域的热点以及联系地球科学、环境科学、生态学、经济学及社会科学等学科的桥梁。早在 1998 年，Chaeffer 就首次探讨了生态系统健康的度量问题[①]；1989 年，Rapport 论述了生态系统健康的内涵[②]，自此，一些与生态系统健康研究相关的国际学会组织，如"国际水生生态系统健康与管理学会""国际生态系统健康学会"先后成立。同时各种以生态系统健康为主题的研讨会相继召开，也取

---

① Schaeffer D. J., Henricks E. E., Kerster H. W., Ecosystem health: 1. Measuring ecosystem health, *Environmental Management*, 1988(12): 445—455.

② Rapport D. J., What constitute ecosystem health?, *Perspectives in Biology and Medicine*, 1989(33): 120—132.

得了诸多成果。研究者针对不同类型的生态系统，都提出了各自定义。1998年，Rapport又提出以生态系统失调症状（ecosystem distress syndrome，EDS）作为生态系统非健康状态的指标，包括系统营养库、初级生产力、生物体形分布、物种多样性等方面的下降。[①]Karr在1993年提出了应用生态完整性指数，通过对鱼类类群的组成、种多样性以及敏感种、耐受种、固有种和外来种等方面变化的分析，来评价水体生态系统的健康状态。[②]Jorgensen等也曾提出使用活化能（exergy）、结构活化能（structural energy）和生态缓冲量（ecological buffer capacity）来评价生态系统健康。[③]Costanza从系统可持续性能力的角度，提出了描述系统状态的指标：活力、组织和恢复力及其综合评价。[④]其具体评价途径是：活力可由生态系统的生产力、新陈代谢等直接测量出来；组织由多样性指数、网络分析获得的相互作用信息等参数表示；而恢复力则由模拟模型计算。这是目前被普遍接受的生态系统健康指标，同时也较为全面，并与生态系统健康的概念和原则较为相符。Cairns等总结了依赖指示种个体及其种群的评价指标，如细胞或亚细胞水平的生化效应、个体的生产率等，种群出生率和死亡率、种群年龄结构、种群体形结构等。[⑤]Fairweather将目前存在的指标选择总结为单一途径（single perspective）与综合治理途径（synthetic perspective）[⑥]，相对于前者只侧重应用生物和物化方面的指标，后者则同时考虑了不同范畴的评价指标，其中还包括生命支持系统对社会经济和人类健康的作用指标，以期获得综合全面的结果。评价的具体目标和评价对象的特点都极大地决定着指标的选择。对湖泊健康评价指标的研究都是包含在生态系统健康的研究中的，都比较侧重于指标体系的研究。

我国对于生态系统健康的研究也同样经历了一个由各项指标、标准的研究到评价标准体系的研究的过程。对湖泊生态系统健康的评价的研究重点为建立适宜的指标体系，指标体系的研究也由最初的单一考虑生态系统自身特点的指标体系转到加上人类活动的综合性的指标体系。有的学者适用受控景观的生态系统健康整体性评价中发展指标体系框架的概况，认为整体性评价是利用生物物理参数、社会经济参数和人类健康参数相结合对生态系统健康进行的综合测定。[⑦]有的学者认为生态系统健康评价方法主要有两种：指示物种和指标体系。指标体系的选择可从两方面进行，一是生态系统内部指标，包括生态毒理学、流行病学、生态系统医学等方面的不同尺度指标的综合；二是生态系统

---

① Birkett S. , Rapport D. J. , Framework for identifying and classifyingecosystem dysfunctions, *Environmentalist*, 1998(18):15—25.

② Karr J. R. , Defining and assessing ecological integrity: beyond water quality, *Environmental Toxicity and Chemistry*, 1993(12): 1521—1531.

③ Jorgensen S. E. , S. N. Nielson & H. Mejer, Emergy, environ, exergy and ecological modelling, *Ecological Modelling*, 1995(77):99—109.

④ Costanza R. , Predictors of ecosystem health, in: Rapport D. J. , R. Costanza, P. R. Epstein, C. Gaudet & R. Levinseds, *Ecosystem Health*, Blackwell Science, 1998, pp. 240—250.

⑤ Cairns J. Jr. , McCormick P. V. , Niederlehner B. R. , A proposed framework for developing indicators of ecosystem health, *Hydrobiologia*, 1993(01):1—44.

⑥ Fairweather P. G. , State of environment indicators of "river health": exploring the metaphor, *Freshwater Biology*, 1999(02):211—220.

⑦ 刘红：《管理景观中的生态系统健康评价》，载《新疆环境保护》2000年第4期。

外部指标，如社会经济指标等。[①] 还有学者就如何诊断生态系统健康提出了一些指标，并引入工程模糊集理论建立生态系统健康评价的数学模型。[②] 研究中还会用到群落结构指标，或种群、个体水平指标来评价生态系统健康。最常使用的群落结构指标有分类群组成、物种多样性和生物量等。依据个体或种群进行检测的基础在于选择那些对环境变化具有指示作用的种，也即指示种，它是从公众较熟悉的、对化学因素变化较敏感的动植物以及对其他压力的作用和生态过程的变化表现较明显的种中进行筛选。

（二）国内外相关研究的应用现状

一些国家早就开始生态系统健康评价的实践工作。经济合作与发展组织（OECD）和联合国环境规划署（UNEP）于20世纪八九十年代在加拿大统计学家David J. Rapport和Tony Friend（1979）的研究成果基础上发展出PSR（Pressure-State-Response），即压力—状态—响应模型，该模型区分了3类指标，即压力指标、状态指标和响应指标。其中，压力指标表征人类的经济和社会活动对环境的作用，如资源索取、物质消费以及各种产业运作过程所产生的物质排放等对环境造成的破坏和扰动；状态指标表征特定时间阶段的环境状态和环境变化情况，包括生态系统与自然环境现状，人类的生活质量和健康状况等；响应指标指社会和个人如何行动来减轻、阻止、恢复和预防人类活动对环境的负面影响，以及对已经发生的不利于人类生存发展的生态环境变化进行补救的措施。它提出的所评价对象的压力—状态—响应指标与参照标准相对比的模式受到了很多国内外学者的推崇，被广泛地应用于区域环境可持续发展指标体系研究，水资源、土地资源指标体系研究，农业可持续发展评价指标体系研究以及环境保护投资分析等领域。加拿大和美国政府联合进行的大湖地区生态系统健康状况的评价所选取的指标涵盖农业、工业和人群生活污染的压力指标以及包括水体环境的物理、化学、生物方面的生态系统响应指标，同时还有相关的经济机会和对人类健康的风险。英国关注湖泊河流健康状况的一个重要举措就是生态环境调查，通过调查背景信息、河道数据、沉积物特征、植被类型、河岸侵蚀、河岸带特征以及土地利用等指标来评价河流生态环境的自然特征和质量，并判断河流生境现状与纯自然状态之间的差距。澳大利亚政府于1992年开展了"国家河流健康计划"，用于监测和评价澳大利亚河流的生态状况，评价现行水管理政策及实践的有效性，并为管理决策提供更全面的生态学及水文学数据，其中用于评价澳大利亚河流健康状况的主要工具是澳大利亚河流评价系统（Australian River Assessment System，AUS-RIVAS）。除此之外，近年来澳大利亚的溪流状态指数（ISC）研究将河流健康状况评价用于指导河流管理，拓展了河流健康状况评价的使用范围，ISC采用河流水文学、形态特征、河岸带状况、水质及水生生物5方面、共计22项指标的评价指标体系，试图了解河流健康状况，并评价长期河流管理和恢复中管理干扰的有效性；对维多利亚流域中80多条河流的实证研究表明，ISC的结果有助于确定河流恢复的目标，评价河流恢复的有效性，从

---

① 马克明、孔红梅、关文彬：《生态系统健康评价：方法与方向》，载《生态学报》2001年第12期。
② 欧阳毅、桂发亮：《浅议生态系统健康诊断数学模型的建立》，载《水土保持研究》2000年第3期。

而引导可持续发展的河流管理。

　　我国对于生态系统及其各个子系统的健康标准的实践活动是伴随着生态环境的健康状况逐步恶化慢慢进行的,总体上依旧是"先破坏,后治理",后发性很强。最近年,由于我国湖泊河流的环境恶化和生态系统破坏的情况加剧,国家及地方政府在各个层面都开展一系列实践活动。从政策层面而言,2011 年在南京召开的首届中国湖泊论坛中,水利部等有关部门透露,在未来一段时间内,针对湖泊保护面临的严峻形势,我国将坚持预防为主,建立湖泊健康监测评价体系。在大规模开展湖泊健康评估工作条件尚不成熟的情况下,要积极开展试点,总结规律、积累经验,完善湖泊水量、水质和水生态系统监测计量系统建设,加强对湖泊水文水资源、物理、化学以及生物特性的监测,建立湖泊健康评估的基本方法、技术标准体系和工作机制,最终实施对所有重要湖泊的"定期体检"。我国还将坚持改革创新,建立健全湖泊管理体制机制。分级制定湖泊保护名录,建立政府负责、分级管理的湖泊管理保护责任体系,实行湖泊管理保护绩效目标管理。健全湖泊管理保护投入机制,加大政府投入力度,充分发挥公共财政投入的引导作用,积极探索湖泊治理保护生态补偿机制。目前,首批 8 个试点湖泊的保护工作已全面展开。从法规层面而言,在《环境保护法》《水污染防治法》《湖泊生态环境保护试点管理办法》等法律法规的统领下,各地又相继出台了地方性湖泊保护规范,如《湖北省湖泊保护条例》《山东省湖泊保护条例》等;从湖泊健康技术标准层面而言,有待进一步完善,现有的标准体系仅包括我国环保部的《地表水环境质量标准》(GB3838-2002),《水法》和《水污染防治法》中关于水安全标准的规定以及卫生部颁布的《生活饮用水卫生标准》(GB5749-2006)等,无论是全国性,还是地方性评价标准建设都严重滞后;而具有操作性的评价方法还是更多留在理论研究层面。

　　总体而言,湖泊生态系统健康的研究与实践的特点表现为起步晚、观点多,但借鉴多、研究力度不够、系统性不足、操作性不强。少有的研究也只是对湖泊生态系统健康的概念和建立评价指标的方法做了研究,对湖泊生态系统健康评价的理论、方法未进行全面概括,没有形成完整的结论,并给出一套成熟的健康评价标准体系。因此,对我省湖泊健康问题进行系统分析、比较研究,从而完善我省健康湖泊评价标准标准体系是非常有意义的。

三、健康湖泊评价标准体系的构建

　　生态系统健康评价指标的选择和分类及其使用的好坏,直接影响评价和决策的正确性和有效性。要使生态系统健康的研究具有实际意义,并能为决策者提供可靠的技术支撑,必须保证生态系统及其环境的有效、可靠并具有可操作性和广泛推广性。生态系统健康评价的指标体系包括物理化学指标、生态学指标和社会经济指标三大类。在湖泊生态系统健康评价中,物理化学指标包括水质、大气状况、湖水理化性质、水生生物种类和数量等;生态学指标包括营养循环、能量流动及转换、群落结构、生物多样性、生态稳定性、恢复能力、调节能力、生态系统服务功能等;社会经济指标包括人口因素、人类健康因素、区域经济状况与可持续性、公众环境意识和政府决策等。不同的指标涉及生态系统健康的不同方面。因为湖泊生态系统健康的范围非常广泛，所以要掌握湖泊生态系统健康的完整性，必须同时选取多个指标，从多个角度来进行评价指标的选择。

根据 Costanza 对生态系统健康的定义①，湖泊生态系统健康是指湖泊的关键生态组分和有机组织完整且没有疾病，受自然或人为的突发扰动后能保持原有的功能和结构，整体功能表现出多样性、复杂性和活力。即湖泊生态系统健康应包含两个方面的内涵：满足人类社会合理要求的能力和湖泊生态系统自我维持与更新的能力。

（一）构建健康湖泊评价指标体系框架

湖泊是湿地生态系统中的一种类型，湖泊生态系统是结合自然、经济与社会三个方面于一体的复杂系统。在追求湖泊湿地生态系统实现其生态的合理性、经济的效益性和社会的可接受性的同时也要保持和促进湖泊可持续、健康、发展。因此，湖泊生态系统健康评价指标体系要从水库生物结构、自然功能、生态特征、水库理化指标与社会环境等五类指标体系来进行构建。

（二）湖泊生态健康评价指标选取原则

健康湖泊评价的基础条件和度量尺度是评价指标，因此评价指标体系的建立是健康湖泊评价的理论基础和前提条件。湖泊湿地生态系统健康评价指标的选取要遵循以下几个原则：

1. 目的性原则

湖泊湿地生态系统服务功能的前提保障是湖泊湿地生态系统健康。健康评价的目的是认清湖泊湿地生态系统现状，防止进一步退化并且为决策者和管理者给予预警，促进湖泊湿地生态系统健康发展的同时带来社会效益。因此，做好健康评价是可持续发展的重要的一部分。

2. 科学性原则

指标的选择应具有科学性，这是保证评价过程与评价结果准确合理的前提。指标选取、标准确立、评价过程的科学与否直接关系着湖泊湿地生态系统健康评价的精准度与科学性。为反映评估对象的真实性，需要所选取的指标客观实际，指标的选取与含义要清晰且有意义，以真实反映湖泊湿地生存现状。

3. 整体性原则

湖泊湿地的评价对象是一个复杂的自然、社会和经济的复合生态系统，因此土壤、水质、物种与人类这些全部指标因素应作为一个整体加以研究。湖泊湿地生态健康评价反映了现阶段湖泊湿地的生存状态，因此在选取指标时要从自然、社会与人类活动等综合因素分析确定合适的评价指标。所选的评价指标须形成一个完整的、系统的体系，这样

---

① Costanza R., Toward an operational definition of ecosystem health, in: Costanza R. (eds.), *Ecosystem Health: New Goals for Environmental Management*, Island Press, 1992, pp.239—256.

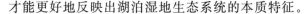

才能更好地反映出湖泊湿地生态系统的本质特征。

4. 层次性原则

由于评价对象较复杂，单一层次并不能合理地、科学地反映生态健康评价，因而评价指标体系要依据评价对象的复杂程度分成若干层次使得评价目的更加清晰合理。

5. 可操作性原则

选取的指标须具有实用性且易简单操作。数据要易于收集，指标要易于理解，这样才易于决策者、管理人员与群众等多方面人员的掌握运用，保证评价过程的高效性。

6. 静态性与动态性相结合原则

湖泊湿地生态系统健康的评价指标不仅要选取指标数据表示其静态性，还要涉及评价指标中的一些特征随着时空变化的动态性。因此要遵循此原则。

7. 定性与定量相结合原则

科学合理的选取指标体系，不仅能为评价结构提供有效的判定，还能最大程度对评价对象进行评价。所以在评价指标的选取上要尽量避免主观判断，对于某些难以完全量化的评价指标，不能采取简单的定性指标，而要最大限度地使定性指标与定量指标有效结合。

（三）健康湖泊评价指标体系的构建

参考国内外诸多有关湖泊湿地生态系统健康评价的方法，对评价区的湖泊湿地生态系统进行健康评价时，考虑到包括自然和人文等诸多因素的影响变化，结合湖泊湿地生态系统健康评价选取具体指标的原则，全面考虑影响评价区的湖泊湿地生态系统现状的因素，从湖泊湿地的水库生物结构、自然功能、生态特征、水库理化指标与社会环境等五类指标中选取了30个指标，最终构建了三个指标层次的湖泊湿地生态系统健康评价指标体系。

这三个层次分别是：

第一层次是综合指标层：是研究区湖泊湿地生态系统健康评价的综合指数，反映出湖泊湿地目前的健康状况。

第二层次是亚类指标层：由湖泊的水库生物结构、自然功能、生态特征、水库理化指标与社会环境等五个方面组成。

第三层次是单项指标层：是亚类指标层的进一步解释说明，是指标体系中最基本的指标层。

考虑到指标的代表性和数据的可获得性，我们选取水质达标率、生物多样性指数、生物完整性指数、湖岸开发强度指数、湖滨植被覆盖率、生态需水量保障率作为主要标价指标。接下来我们将对上述指标进行细分，并给出评价方法。

1. 水质达标率指标体系的建立

我们选用较为权威的数据来源，参考我国国家标准《地表水环境质量标准》来建立水质达标率指标体系。

该标准按照地表水环境功能分类和环保目标，规定了水环境质量应控制的项目及临

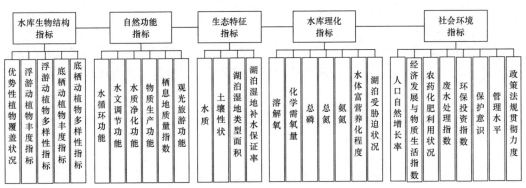

图1　湖泊湿地生态系统健康评价指标体系

界值，以及在水质评价、水质项目的分析方法和标准上进行实施与监督。该标准适用于中国领域内江河、湖泊、运河水库等具有地表水的水域，不同功能的水域均可以执行相应的标准。

对于水质达标率的划分标准，本文主要依据地表水域环境功能和保护目标来进行划分。Ⅰ、Ⅱ、Ⅲ、Ⅳ、Ⅴ类的具体含义如下：

Ⅰ类：主要适用于湖泊源头水、国家自然保护区；

Ⅱ类：主要适用于集中式生活饮用水地表水源一级保护区、珍稀水生生物栖息地、鱼虾类产卵场等；

Ⅲ类：主要适用于集中式生活饮用水地表水源二级保护区、鱼虾类越冬场、水产养殖区等渔业水域及游泳区；

Ⅳ类：主要适用于一般工业用水区及人体非直接接触的娱乐用水区；

Ⅴ类：主要适用于农业用水区及一般景观要求水域。

下表是不同水质分类的限值：

表1　不同水质分类的指标的限值

序号	项目	分类				
		Ⅰ类	Ⅱ类	Ⅲ类	Ⅳ类	Ⅴ类
1	水温（摄氏度）	人为造成的环境水温变化应限制在： 周平均最大温升≤1 周平均最大温降≤2				
2	PH 值（无量纲）	6—9				
3	溶解氧≥	饱和率90％（或7.5）	6	5	3	2
4	高锰酸钾指数≤	2	4	6	10	15
5	化学需氧量（COD）≤	15	15	20	30	40
6	五日生化需氧量（BOD_5）≤	3	3	4	6	10
7	氨氮（NH3-N）≤	0.15	0.5	1.0	1.5	2.0

（续表）

序号	项目	分类				
		Ⅰ类	Ⅱ类	Ⅲ类	Ⅳ类	Ⅴ类
8	总磷≤	0.02 (湖、库 0.01)	0.1 (湖、库 0.025)	0.2 (湖、库 0.05)	0.3 (湖、库 0.1)	0.4 (湖、库 0.2)
9	总氮(湖、库以 N 计)≤	0.2	0.5	1.0	1.0	1.0
10	铜≤	0.01	1.0	1.0	1.5	2.0
11	锌≤	0.05	1.0	1.0	1.0	1.0
12	氟化物(以 F-计)≤	1.0	1.0	1.0	1.5	1.5
13	硒≤	0.01	0.01	0.01	0.02	0.02
14	砷≤	0.05	1.0	1.0	2.0	2.0
15	汞≤	0.00005	0.00005	0.0001	0.001	0.001
16	镉≤	0.001	0.005	0.005	0.005	0.01
17	烙(六价)≤	0.01	0.01	0.05	0.05	0.1
18	铅≤	0.01	0.01	0.05	0.05	0.1
19	氰化物≤	0.005	0.05	0.2	0.2	0.2
20	挥发酚≤	0.002	0.002	0.005	0.01	0.1
21	石油类≤	0.05	0.05	0.05	0.5	1.0
22	阴离子表面活性剂≤	0.2	0.2	0.2	0.3	0.3
23	硫化物≤	0.05	0.01	0.2	0.5	1.0
24	粪大肠菌群(个/L)≤	200	2000	10000	20000	40000

注：数据来源于中华人民共和国国家标准《地表水环境质量标准》。

2. 生物多样性指数指标体系的建立

生物多样性(BI)[①]，是指所有来源的活的生物体中的变异性，这些来源包括陆地、海洋和其他水生生态系统及其构成的生态综合体等，这包含物种内部、物种之间和生态系统的多样性。

本文根据我国《环境保护法》，在参考湖北地区区域湖泊的特征的基础上，根据当地生物多样性的现状、空间分布及历史变化趋势，给出了生物多样性评价的指标及其分类标准等。

表 2　生物多样性等级划分标准

生物多样性等级	生物多样性指数	生物多样性状况
高（Ⅰ类）	BI≥60	生物高度丰富，特有属、种多，生态系统丰富多样
中（Ⅱ类）	30≤BI<60	物种较丰富，特有属、种较多，生态系统类型较多，局部地区生物多样性高度丰富

---

① 《生物多样性公约》(Convention on Biological Diversity,1992 年 6 月 1 日)第 2 条。

（续表）

生物多样性等级	生物多样性指数	生物多样性状况
一般(Ⅲ类)	20≤BI<30	物种较少,特有属、种不多,局部地区生物多样性丰富,但生物多样性总体水平一般
低(Ⅳ类)	BI<20	物种贫乏,生态系统类型单一、脆弱,生物多样性极低

而生物多样性指数的构成的第二层次可以分为以下几大因素:野生生物和管束植物、外来入侵物种、物种特有性、受胁物种的丰富度。对于野生生物和管束植物的多样性的测量,目前还没有明确的公式,可以参考的资料也较少,因此对于该层次的衡量只能在定性分析的基础之上进行判断。对于外来入侵物种、物种特有性、受胁物种的丰富度的计算公式如下:

外来入侵物种:包括外来入侵动物和外来入侵植物,其指数公式如下:

$$E_I = N_I/(N_v + N_p)$$

其中:E_I 代表外来物种入侵度;N_I 代表被评价区域内外来入侵物种数;N_v 代表被评价区域内野生动物的种数;N_p 代表被评价区域野生生物和管束植物。

物种特有性指数的公式如下:

$$E_D = \frac{1}{2}\left(\frac{N_{EV}}{635} + \frac{N_{EP}}{3662}\right)$$

其中:E_D 代表物种特有性;N_{EV} 代表被评价区域内中国特有的野生动物种数;N_{EP} 代表评价区域内中国特有的野生管束植物的种数;635 为区域内野生动物种数的最大参考数值(数据来源于《中华人民共和国国家环境保护标准》);3662 代表区域内野生管束植物种数的最大参考数值(数据来源于《中华人民共和国国家环境保护标准》)。

受胁物种丰富度指数的计算公式如下:

$$R_T = \frac{1}{2}\left(\frac{N_{TV}}{635} + \frac{N_{TP}}{3662}\right)$$

其中:R_T 代表受胁物种丰富度;N_{TV} 代表被评价区域内受胁野生动物种数;N_{TP} 代表评价区域内受胁野生管束植物的种数。

然后,根据我国《环境保护法》及相关评价指标,得到其指标的参考最大值。由于数据的量纲不同,因此我们首先将其进行归一化处理,再将归一化后的指标进行加权计算,进而得到最终的生物多样性指数。相关评价指标的归一化前的参考最大值,如下表所示:

表3 评价指标的归一化前的参考最大值

指标	参考最大值
野生管束植物丰富度	3662
野生动物丰富度	635
生态系统类型多样性	124
物种特有性	0.3070
受胁物种丰富度	0.1572
外来物种入侵度	0.1441

各评价指标的权重见下表:

表 4　指标权重表

指标	权重
野生管束植物丰富度	0.2
野生动物丰富度	0.2
生态系统类型多样性	0.2
物种特有性	0.2
受胁物种丰富度	0.1
外来物种入侵度	0.1

生物多样性指数的计算公式如下:

$$BI = R'_V \times 0.2 + R'_P \times 0.2 + D'_E \times 0.2 + E'_D \times 0.2 + R'_T \times 0.1 + (100 - EI') \times 0.1$$

其中:BI 为生物多样性指数;R'_V 代表归一化后的物种丰富度;R'_P 代表归一化后的野生管束植物丰富度;D'_E 代表归一化后的生态系统多样性;E'_D 代表归一化后的物种特有性;R'_T 代表归一化后的受威胁物种丰富度;EI' 代表归一化后的外来物种入侵度。

然后,再根据生物多样性的特征进行分类即可。

3. 生物完整性指标体系的建立

作为自然资源保护与管理中的一个重要概念,生物完整性被认为是衡量生态系统支持和维持平衡的、综合的和有适应性的生物系统能力。

湖泊的生物完整性反映了生态系统中的生物群落的种族组成、营养结构和个体健康状况等三个方面的特征,常用生物完整指数(IBI)来表示,其中以鱼类为评价对象所建立的指数最为常用,即 F-IBI。在生物完整性的研究中,选择指标是最基础的步骤,根据相关文献研究,结合湖北省的实际,本文选择了种族组成、营养结构和个体健康状况的 12 项指标,并给出分级标准。如下表所示:

表 5　湖泊生物完整性评价指标

因素	指标	评价标准			
		高(Ⅰ类)	中(Ⅱ类)	一般(Ⅲ类)	低(Ⅳ类)
种类结构	土著物种数(种)	＞80	70—80	50—70	＜50
	鲤科鱼类种数百分比(%)	＜35	35—50	50—60	＞60
	鳅科鱼类种类百分比(%)	1—2	2—4	4—6	6—8
	鲶科鱼类种类百分比(%)	1—3	3—5	6—9	9—12
	鲫鱼比列(%)	＜5	5—10	10—30	30—54
	本地特有鱼种的比例(%)	＞75	65—75	65—40	＜40
营养结构	杂食性鱼类的数量比例(%)	＜8	8—15	15—40	＞40
	底栖动物食性鱼类的数量比例(%)	＞50	25—35	20—25	＜20
	鱼食性鱼类的数量比例(%)	＞13	10—13	7—10	＜7

（续表）

因素	指标	评价标准			
		高（Ⅰ类）	中（Ⅱ类）	一般（Ⅲ类）	低（Ⅳ类）
数量和体质状况	感染疾病和外形异常个体比例（%）	<20	20—30	30—50	>50
	天然杂交的个体比例（%）	0	0—0.5	0.5—1	>1
	渔获量/潜在鱼产量（%）	>80	60—80	40—60	<40
总分值（IBI）		50—60	40—50	40—45	30—40

4. 湖岸开发强度指数

对于湖岸开发强度目前国内的研究文献还相对较少，构建的指标因素不尽相同，因此本文建立的湖岸开发强度指标是结合已有的国内文献的基础上建立起来的。本文中的湖岸开发强度是指湖岸被人为开发、破坏、污染，过度追求经济效益的开发方式，包括填湖造地、植被草地减少、湖岸坡度降低、湖岸土地被过度使用以及对湖泊环境造成影响的一系列行为方式。

根据科学性和可操作性、独立性和关联性、系统性和层次性、动态性和相对稳定性等指标体系构建的原则，本文提出了基于土地利用与生态环境评价的流域土地利用功能分区指标体系，包括土地利用子系统评价指标体系和生态环境子系统评价指标体系两个部分。流域的土地利用子系统评价准则包括土地利用条件、土地利用功能和土地利用效益三个方面；流域的生态环境子系统评价准则包括生态环境现状和生态环境压力两个方面。本文还提出包括平均海拔（m）、耕地比例（%）、人均水域面积（m²/人）和人口密度（人/km）等指标因子，并建议采用专家打分法确定评价指标的权重。当然，评价指标权重的方法与软件有很多，但限于专业性较强，可以参考的资料较少，因此，对于湖岸开发强度的评价采用的是专家打分法进行综合评估。

下表是专家打分法最终确定的指标权重：

表6　湖岸开发强度指数指标及其权重

系统	准则	指标因子	指标权重
土地利用子系统	土地利用条件	平均海拔	0.067
		土壤质量	0.094
		路网密度	0.089
		土地利用率	0.153
	土地利用功能	耕地比例	0.112
		建设用地比例	0.116
		旅游资源丰富度	0.131
	土地利用效益	人均住宅建筑面积	0.123
		人均粮食产量	0.114

（续表）

系统	准则	指标因子	指标权重
生态环境子系统	生态环境现状	人均水域面积	0.169
		林地覆盖率	0.158
		水质条件	0.164
		生态系统服务价值	0.193
	生态环境压力	人口密度	0.169
		坡度≥15°比例	0.148

　　* 各指标的解释如下：

　　（1）平均海拔：是评价单元土地利用条件的反映，单位为 m。对于流域而言，平均海拔较低的区域较利于农业生产和人们生活，海拔较高的区域则一般为流域的上游林地覆盖区，具有重要的生态功能，但易被破坏。该指标计算的依据是流域的地形矢量数据，使用等高线生成数字高程模型（DEM）并造区，根据各区的平均海拔采用面积加权得到。

　　（2）土壤质量：是评价单元农业生产条件的反映，为定性指标。本研究根据梁子湖流域各分区单元的农业生产条件用差、较差、一般、较好、好来描述，采用1、3、5、7、9分的赋分法表示，以此来确定各单元的土壤质量得分。

　　（3）人口密度：是人类活动对评价单元生态环境的压力指标的反映，单位为人/km²。通过统计各评价单元的人口数量，除以其面积得到。

　　（4）坡度≥15°比例：各评价单元中坡度大于等于15°的区域占评价单元总面积的比例，反映的是区域地形对生态环境的压力，用百分数表示。该指标计算的依据是流域的地形矢量数据，使用等高线制作生成 DEM，由此得出各区域的坡度，在统计各评价单元中坡度大于等于15°区域的面积后，除以各评价单元总面积即可得到。

　　（5）旅游资源丰富度：反映的是流域各评价单元的旅游服务功能，用定性方法描述，是根据各评价单元旅游景点的数量及旅游人数等综合情况来确定，同样采用1、3、5、7、9分的赋分法。

　　（6）林地覆盖率：反映的是各评价单元主要生态环境资源——林地的覆盖程度，用百分数表示。通过统计各评价单元土地利用现状中林地（有林地、灌木林地和其他林地）的面积，除以各评价单元的总面积得到。

　　（7）水质条件：反映流域各评价单元的水环境质量，用定性的方法来描述。以各评价单元的水体综合质量按差、较差、一般、较好、好，采用1、3、5、7、9分的赋分法表示。

　　利用层次分析法给出准则层的权重比例，如下表：

表 7　湖岸开发强度分类表

指标	权重
土地利用条件	0.182
土地利用功能	0.223
土地利用效益	0.178
生态环境现状	0.235
生态环境压力	0.182

　　最后，利用准则层的权重给出评价湖岸开发强度的具体分类标准，然后就可以利用湖泊开发的各项指标数据进行加权计算，得到最终的得分。具体分类如下：

表8　准则层分类标准

评价类别	Ⅰ类	Ⅱ类	Ⅲ类	Ⅳ类	Ⅴ类
土地利用子系统	>0.7	0.6	0.5	0.3	<0.2
生态环境子系统	<0.5	0.6	0.75	0.8	>0.8

今年来,我国湖岸的不合理开发强度越来越来越大,因此很多学者提出了治理的方法与措施,本文在研究其他研究者文献的基础上,提出了建设生态屏障的构想,以此来解决湖岸开发强度不合理的问题,从而促进湖泊又好又快发展。在此基础上,本文把湖泊划分为多个区域,针对不同的区域提出了不同的治理方法,建立了不同的生态屏障保护区,整体规划图如下:

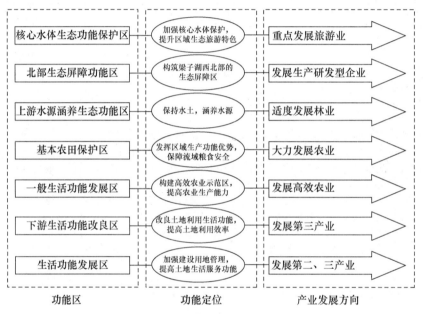

图2　不同功能区的治理标准

5. 湖滨植被覆盖率

湖滨植被覆盖率指某一湖泊、河道、库的植物垂直投影面积与该地域面积之比,用百分数表示。

指标的选取:选取指标要遵循几个基本原则——科学、明确、简单易行、数据容易获得、指标的代表性强。因此我们选取了植被覆盖指数、流域景观碎化指数、外来物种威化面积比率、湿地面积变化系数、土壤侵蚀模数、河道水资源开发率六大因素。其具体分类如下表:

表 9 　湖滨植被覆盖率类指标的分类

指标	单位	指标分级（Ⅰ为最好）			
		Ⅳ	Ⅲ	Ⅱ	Ⅰ
植被覆盖指数 I1	—	<0.2	0.5	0.8	>0.8
流域景观碎化指数 I2	—	>0.9	0.8	0.6	<0.4
外来物种威化面积比率 I3	%	>5.0	3.5	2	0.5
湿地面积变化系数 I4	%	>30	20	10	0
土壤侵蚀模数 I5	$t \cdot km^{-2}$	>15000	7000	1000	<500
河道水资源开发率 I6	—	>0.6	0.5	0.35	<0.35

上表中给出了六大因子的划分标准，下面将介绍六大因子的计算原理与指标的具体含义。

表 10 　湖滨植被覆盖率类各指标的具体含义及计算方法

指标	含义	计算方法
I1	指被评价区域内不同类型的面积占被评价区域面积之比	计算详见《生态环境状况评价技术规范（试行）》(HJ/T192-2006)
I2	反映人为变化影响流域内的土地应用、景观格局变化，破碎化程度低且相互关联的景观格局有利于降低风险和对生态系统的保护	$I2=1-A1/A$，其中，A1 为该景观类型最大的斑块；A 为景观总面积
I3	衡量陆生外来物种的入侵的危害程度	I3＝外来物种危害面积/流域陆地生态系统的总面积
I4	流域内的特殊生境保护，生境保护是物种保护和生态功能维系的重要基础	I4＝（基准年湿地面积－现存湿地面积）/基准年湿地面积×100%
I5	反映陆地生态系统的植被覆盖度以及水土流失防治成效，减少陆地生态系统的泥沙入湖量	I5 根据土壤流失方程（USVL）计算得到
I6	反映流域水资源开发对河流的生态影响	I6＝开发的水资源量/总水资源量×100%

6. 生态需水量保障率

生态需水量一词，目前还没有见到有人给它下过确切的定义（指基本能够得到公认的定义），中国现有的《环境科学大辞典》等辞书也没有关于它的解释。本文的观点认为，生态需水量应该是指一个特定区域内的生态系统的需水量，而并不是指单单的生物体的需水量或者耗水量。它是一个工程学的概念，它的含义及解决的途径，重在生物体所在环境的整体需水量（当然包含有生物体的自身消耗水量）。它不但与生态区的生物群体结构等有关系，更重要的是它还与生态区的气候、土壤、地质，以及地表、地下水文条件及水质等都有关系。本文中生态需水量是指针对河流、湖泊、沼泽、绿地、森林等而言，维持其正常生态系统、物质循环的平衡和稳定所需要的水量。

生态需水量保障率反映的是人为干扰对湖泊水文过程的影响。

由于研究生态需水量保障率的文献相对较少,涉及细分指标的文献则更少,因此本文在研读城市环境系统需水量、山区环境系统需水量等文献的基础上,抛砖引玉地给出了细分因子:湖泊污染程度、水质达标率、年降雨量、河道开发程度、湖泊容量变化率。

表11   生态需水量保障率各因子的分类标准

指标	单位	指标分级(Ⅰ为最好)			
		Ⅳ	Ⅲ	Ⅱ	Ⅰ
湖泊污染程度	%	>80	70	60	<50
水质达标率	%	<0.3	0.5	0.65	>0.8
年降雨量	mm	<800	1000	1400	>1700
河道开发程度	%	>70	60	50	<30
湖泊容量变化率	%	>30	25	20	<15

这里有必要简要说明以上指标在本文中的具体含义:其中湖泊污染程度、水质达标率、年降雨量顾名思义,这里不再介绍。河道开发程度是指河道的宽度、深度的变化,以及填埋造地等行为对湖泊造成的综合影响。湖泊容量变化率是指在选择某一基准年的湖泊容量为前提的情况下,测量湖泊的容水能力的变化情况,该指标可以为正也可以为负。

最后给出了生态需水量保障率的分类标准,如下表所示:

表12   生态需水量的保障率的分类标准

指标	Ⅰ	Ⅱ	Ⅲ	Ⅳ
生态需水量保障率(%)	>1.2	1	0.8	0.6

(十)湖泊生态系统健康的综合评价

基于上述指标体系,通过主成分分析(PCA)和因子分析(FA)来简化和判定区域水平上湖泊生态系统健康指标,通过PCA及FA提取影响湖泊生态系统健康的主要指标。利用层次分析法获得各指标的权重。综合考虑各指标的即刻时点值与时间序列趋势值,加权算得各主要指标值。代入EHI模型计算湖泊生态健康综合指数,根据综合指数判断各湖泊的健康状况。

评估指标包括水质达标率、生物多样性指数、生物完整性指数、湖岸开发强度指数、湖滨植被覆盖率以及生态需水量保障率六个指标。依据国家《地表水环境质量标准》,利用在线监测数据对水质达标率进行评估。依据国家《区域生物多样性评价标准》(HJ623-2011)、F-IBI指数法,利用现场采样数据进行评估。利用卫星影像提取土地利用分类数据并计算所占湖岸总面积的百分比,根据专家评估确定各类土地干扰权重,综合加权得到湖岸的干扰强度指数。利用卫星影像提取湖滨植被覆盖数据并计算占湖滨总面积的百分比。利用水文监测数据评估生态需水量保障率。首先对六个指标分别按照表格 1、表格 2、表格 5、表格 8、表格 9、表格 11 的分类标准评分,Ⅰ类 5 分,Ⅱ类 4 分,Ⅲ类 3 分,Ⅳ类 2 分,Ⅴ类 1 分,然后将所有分值求和,再按下表给定标准划分等级。评估实例如下表所示。

表 13　六大指标的等级划分标准

指标	指标分级(Ⅰ为最好)				
	Ⅰ	Ⅱ	Ⅲ	Ⅳ	Ⅴ
总分值	>28	25	20	16	<16

城市水资源可持续利用评价的改进 BPNN 模型

——以湖北省为例[①]

石 黎 史玉珍[*]

水资源可持续利用评价是国际国内一个十分重要的课题。据统计,世界上有 80 个国家约 15 亿人口面临淡水不足的威胁,而 2025 年世界上将有近 14 亿人生活在严重缺水的环境中,近 10 亿人面临极度缺水[②]。当前我国城市水资源形势十分严峻,正确评价城市水资源供需状况,是进行水资源规划、合理利用城市水资源、实现城市水资源可持续利用的前提[③]。

目前国内外许多学者已经在水资源可持续利用评价等方面展开了研究工作。Hellstrom(2000)根据城市卫生健康、社会文化、环境、经济和技术等方面的可持续性标准,提出了可持续性城市水资源管理的系统分析框架;左东启等提出了包括自然、人文、经济、管理等 47 个指标;卞建民等建立了包含水资源的可供给性、开发技术水平和管理水平及综合效益的可持续利用评价的指标体系[④];朱玉仙等建立的指标体系由总量指标、比例指标、强度指标三部分组成[⑤]。评价方法方面,经常使用的方法主要有模糊综合评价、层次分析法、属性识别法等。[⑥] 目前针对水资源可持续利用评价及预测已经有了一些研究成果,但仍存在以下不足:研究视角上关注城市水资源管理的比较少,更多学者的视角集中

---

① 本论文为湖北省人文社科重点研究基地湖北水事研究中心课题(2013B009)研究成果,发表于《科技管理研究》2014 年 12 期。

* 石黎,湖北经济学院信管学院讲师,湖北水事研究中心研究员;史玉珍,平顶山学院讲师。

② Thomas P. Simon, The use of biological criteria as a tool for water resource management, *Environmental Science & Policy*, 2000(03):43—49.

③ Daniel A. Okun, Water reclamation and unrestricted non-potable reuse: A New Tool in Urban Water Management, *Annual Reviews of Public Health*, 2000(21): 223—245.

④ 卞建民、杨建新:《水资源可持续利用评价的指标体系研究》,载《水土保持通报》2000 年第 4 期。

⑤ 朱玉仙、黄义星、王丽杰:《水资源可持续开发利用综合评价方法》,载《吉林大学学报(地球科学版)》2002 年第 1 期。

⑥ 阮本清、韩宇平、王浩:《水资源短缺风险的模糊综合评价》,载《水利学报》2005 年第 8 期;门宝辉、梁川、刘庆华:《基于属性识别方法的区域水资源开发利用程度综合评价》,载《西北农林科技大学学报(自然科学版)》2002 第 6 期;何君、石城、杨思波:《基于因子分析和 AHP 的水资源可持续利用综合评价方法》,载《南水北调与水利科技》2011 年第 1 期。

在水资源短缺上;评价方法上,常用方法各有弊端,比如层次分析法由于评价指标受人为确定权重或混用边界值和均值问题的影响,评价结果的客观性和可比性较差;基于灰色理论的选择模型中评价指标权重系数的确定,或者计算过于复杂,或者有很强的主观性等。

针对城市水资源可持续利用评价因素的复杂、非线性特点,具有独特非线性信息处理能力的人工(BP)神经网络被认为是一种非常好的评价工具,但由于 BP 神经网络收敛速度慢、易陷入局部最优,获得的结果仍难以令人满意,原因是由于过多且存在冗余的评价指标全部作为神经网络的输入层时,易造成网络训练效率低、评价精度不高等问题。鉴于此,本文采用基于依赖度和属性重要度的粗集约简算法提取关键评价指标,再利用 BP 模式识别网络对城市水资源可持续利用评价数据学习训练,得到最终的评价结果。Matlab7 编程对 2012 年湖北省武汉市等七大城市水资源可持续利用情况进行横向比较评价,验证了该混合评价模型的有效和科学性。

一、城市水资源可持续利用评价指标体系构建

参考水资源可持续评价相关文献[①],遵循尽量采用已有国家或国际标准、节水城市考核标准等原则,深入比较影响水资源可持续利用评价的相关因素,综合考虑城市生态良性循环、经济可持续增长,排除城市重复信息指标,确定了城市水资源评价指标体系如图1所示。该评价体系中,一级评价指标有水资源子系统、社会经济子系统和生态环境子系统,各子系统下又分别有细致的指标划分,一共有 16 个二级评价指标。其中,在水资源子系统因素里,产水系数是指水资源量与区域总面积的比值,供水系数是指供水量与区域总面积的比值;生态环境子系统的生态用水率是指生态环境用水量与水资源总量的比值。

二、城市水资源可持续利用评价的改进 BPNN 模型

(一)基于依赖度和属性重要度的约简算法提取关键指标

基于依赖度和属性重要度的属性约简算法能够快速提取关键属性指标,达到减少 BP 神经网络的输入神经元个数的目的,加速 BP 网络的训练过程。

算法简介:设 $x \in C$ 为一个属性,$X \subseteq C$ 为一个属性子集;对任何一个对象子集 $X \subseteq U$,$R(X) = \{X \in U | [X]_{\text{ind}(B)} \subseteq X\}$ 为 X 关于 B 的下近似。$\text{POS}_R(X) = R(X)$ 为 X 的正域。定义 D 对 c 的依赖度为 $r_c(D) = |\text{POS}_c(D)| / |U|$,由依赖度可得到 x 对于 X 的属性重要度为 $\text{sig}_x(x) = r_c(D) - r_{c-\{x\}}(D)$。当属性 x 对于 X 不重要时,$\text{sig}_x(x) = 0$,求解每

①　孙远斌、高怡、石亚东等:《太湖流域水资源承载能力模糊综合评价》,载《水资源保护》2011 年第 1 期;马峰、王干、蔺文静等:《基于指标体系投影寻踪模型的水资源承载力评价——以石家庄为例》,载《南水北调与水利科技》2012 年第 3 期;黄初龙、章光新、杨建锋:《中国水资源可持续利用评价指标体系研究进展》,载《资源科学》2006 第 2 期;张丽萍、朱钟麟、邓良基:《水资源评价指标体系的研究现状及问题探讨》,载《国土资源科技管理》2004 年第 4 期;陈守煜:《区域水资源可持续利用评价理论模型与方法》,载《中国工程学报》2001 年第 2 期。

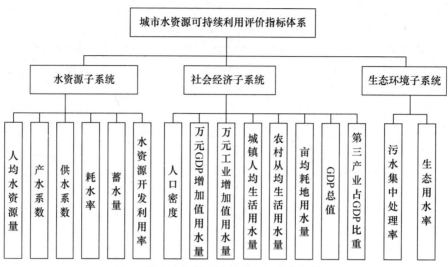

图1　城市水资源可持续利用评价指标体系

个属性的 $\text{sig}_x(x)$，将 $\text{sig}_x(x) \neq 0$ 的属性加入到结果集中，最终形成一个约简[①]。

（二）BP 网络训练

实践中最常用的是三层 BP 神经网络，一个典型的三层 BP 网络的拓扑结构如图 2 所示：

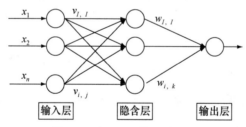

图2　三层 BP 网络拓扑结构

设有一 Sigmoid 型网络，有 M 个样本 $(x_k, y_k)(k=1,2,3,\cdots,M)$，对某一输入 x_k，网络输出为 y_k，节点 i 的输出为 O_{ik}，节点 j 的输入为 $\text{net}_{jk} = \sum_i w_{ij} O_{ik}$，误差函数定义为 $E = \dfrac{1}{2} \sum_{k=1}^{m} (y_k - o_k)^2$。

若 j 为输出节点，则

$$O_j = f(\text{net}_j)$$
$$w_{ij} = w_{ij} + \alpha \delta_j o_i = w_{ij} + \alpha f'(\text{net}_j)(y_j - o_j) o_i$$

---

① 徐山、杜卫锋、闵啸：《一种新的模糊决策表属性约简方法》，载《计算机工程与应用》2013 第 18 期；石黎：《绿色供应商评价的 RS-RBF 神经网络模型》，载《科技管理研究》2012 年第 9 期。

$$= w_{ij} + \alpha \cdot O_j \cdot (1 - O_j) \cdot (y_j - O_j) \cdot O_i$$

$$\delta_j = -\frac{\partial E}{\partial \text{net}_j} = -\frac{\partial E}{\partial o_j} \cdot \frac{\partial o_j}{\partial \text{net}_j}$$

$$= -\frac{\partial E}{\partial o_j} \cdot f'(\text{net}_j) = -(y_j - O_j) f'(\text{net}_j) \tag{1}$$

若 j 为隐层节点（非输出节点），则

$$w_{ij} = w_{ij} + \alpha \Big(\sum_{k=1}^{H_k} \delta_k w_{jk} \Big) \cdot f'(\text{net}_j) \cdot o_i = w_{ij} + \alpha \cdot \Big(\sum_{k=1}^{H_k} \delta_k w_{jk} \Big) \cdot O_j \cdot (1 - O_j) \cdot O_i$$

$$\delta_j = -\frac{\partial E}{\partial \text{net}_j} = -\frac{\partial E}{\partial o_j} \cdot \frac{\partial o_j}{\partial \text{net}_j}$$

$$\frac{\partial E}{\partial o_j} = \sum_{k=1}^{H_k} \Big(\frac{\partial E}{\partial \text{net}_k} \cdot \frac{\partial \text{net}_k}{\partial o_j} \Big)$$

$$\frac{\partial \text{net}_k}{\partial o_j} = \frac{\partial \Big(\sum\limits_{j=1}^{H_h} w_{jk} o_j \Big)}{\partial o_j} = w_{jk}$$

于是，

$$\delta_j = -\frac{\partial E}{\partial o_j} \cdot f'(\text{net}_j) = -\Big(-\sum_{k=1}^{H_k} \delta_k w_{jk} \Big) \cdot f'(\text{net}_j) \tag{2}$$

假设有 N 层，且第 N 层仅含输出节点，BP 算法设计如下：

    Step1：输入初始权值 W；

    Step2：重复下述过程直至收敛：

        （1）从第一层直到第 N 层，

            计算 O_{jk}，net_{jk} 和 O_k（信号正传递过程）；

            对各层从 N 到 2 反向计算（误差反向传播过程）；

        （2）对同一节点 $j \in N$，由式（1）和（2）计算 δ_j

    Step3：修正权值 W_{ij}。

三、模型仿真应用

（一）原始数据的获得及标准化

收集相关统计资料（《湖北省 2013 年统计年鉴》以及《湖北省 2012 年水资源公报》），结合数据收集的困难程度及资料的可比性，整理获得了湖北省内武汉市、襄阳市、鄂州市、黄石市、十堰市、咸宁市、随州市等七个城市 2012 年的水资源可持续利用情况横向比较的相关数据作为模型验证的评价数据，如表 1 所示。该表中，将评价指标体系的 16 个指标作为条件属性，采用 C1—C16 简化代替，将决策属性 D 的结果分为"强""较强""较弱""弱""不可持续利用"五个级别。

表1 2012年湖北省七大城市水资源可持续利用横向比较评价数据集

样本序列		襄阳市	武汉市	鄂州市	黄石市	十堰市	咸宁市	随州市
条件属性	C1	729	437	1012	1524	1984	4183	389
	C2	20.5	51.9	66.6	81.7	28.2	105.1	8.8
	C3	17.8	46.6	55.7	32.9	4.6	15.8	8.5
	C4	35.88	32.73	30.41	33.05	44.94	46.44	46.38
	C5	13.86	3.91	0.03	13.57	147.91	10.31	5.27
	C6	87.04	89.76	83.65	40.22	16.26	15.05	96.11
	C7	281.4	1191.4	660.92	532.27	141.76	246.29	226.04
	C8	141	49	158	145	111	210	138
	C9	136	63	173	162	110	150	106
	C10	173	161	190	176	174	193	176
	C11	65	93	60	60	60	79	60
	C12	378	394	451	437	563	519	293
	C13	2501.96	8003.82	560.39	1040.95	955.68	760.99	590.52
	C14	28.64	47.89	27.61	29.79	36.02	33.64	32.49
	C15	87.4	92.3	90.5	85.1	88	87	93.5
	C16	0.05	0.23	0.09	0.03	0.08	0.01	0.12
决策属性 D		较强	强	强	强	强	强	较强

由于各数据量纲不同，接下来必须对表1中的数据集进行标准化处理。日常最常见的属性类型有正向指标和逆向指标两种，分别表示指标值越大越好的指标和指标值越小越好的指标。设 $I_i(i=1,2)$ 分别表示正向型指标、逆向型指标的下标集，标准化公式如下：

$$r_{ij} = \frac{a_{ij} - \min_j a_{ij}}{\max_j a_{ij} - \min_j a_{ij}}, \quad (i \in I_1)$$

$$r_{ij} = \frac{\max_j a_{ij} - a_{ij}}{\max_j a_{ij} - \min_j a_{ij}}, \quad (i \in I_2)$$

决策属性 D 中的"强""较强""较弱""弱""不可持续利用"分别采用5、4、3、2、1表示。条件属性 C 中，人均水资源量、产水系数、蓄水量、GDP 总值、第三产业占 GDP 比重、污水集中处理率等几个指标为正向型指标，其他为逆向型指标。由标准化公式得到表2所示的标准化数据集。

表 2　标准化数据集

样本序列		襄阳市	武汉市	鄂州市	黄石市	十堰市	咸宁市	随州市
条件属性	C1	0.0896	0.0127	0.1642	0.2992	0.4204	1.0000	0.0000
	C2	0.1215	0.4476	0.6002	0.7570	0.2015	1.0000	0.0000
	C3	0.7407	0.1785	0.0000	0.4469	1.0000	0.7804	0.9243
	C4	0.6586	0.8553	1.0000	0.8354	0.0941	0.0000	0.0040
	C5	0.0935	0.0262	0.0000	0.0916	1.0000	0.0695	0.0354
	C6	0.1119	0.0783	0.1538	0.6894	0.9850	1.0000	0.0000
	C7	0.8670	0.0000	0.5054	0.6280	1.0000	0.9004	0.9197
	C8	0.4286	1.0000	0.3230	0.4037	0.6149	0.0000	0.4472
	C9	0.3364	1.0000	0.0000	0.1000	0.5727	0.2091	0.6091
	C10	0.6250	1.0000	0.0938	0.5313	0.5938	0.0000	0.5313
	C11	0.8485	0.0000	1.0000	1.0000	1.0000	0.4242	1.0000
	C12	0.6852	0.6259	0.4148	0.4667	0.0000	0.1630	1.0000
	C13	0.2608	1.0000	0.0000	0.0646	0.0531	0.0269	0.0040
	C14	0.0510	1.0000	0.0000	0.1072	0.4148	0.2971	0.2405
	C15	0.2738	0.8571	0.6429	0.0000	0.3452	0.2262	1.0000
	C16	0.8163	0.0000	0.6113	0.9205	0.6979	1.0000	0.4999
决策属性 D		4	5	5	5	5	5	4

(二) 仿真实验

首先采用基于依赖度和属性重要度的粗集约简算法对表 2 离散化后的数据进行约简,提取关键指标作为 BPNN 输入层。由算法求得结果为{c2,c4,c7,c8,c9,c11,c12,c13,c15,c16}一共 10 个指标,因此 BPNN 的输入层神经元为 10。最终评价必须是"强""较强""较弱""弱""不可持续利用"中的某一种结果,所以 BPNN 的输出层神经元为 1。隐含层节点数一般较难确定,通过隐含层单元数公式:$h=\sqrt{n+m}+a$,得到隐含层结点数为 6。

根据以上分析,采用 Matlab7 建立网络结构为 10-6-1 的三层 BP 神经网络模型。网络训练采用 2012 年河南省郑州市、开封市等 18 个城市以及 2012 年湖北省除表 1 外剩余的 9 个城市的实际样本 27 例,原始数据由湖北省和河南省 2013 年统计年鉴以及湖北省和河南省 2012 年水资源公报整理所得,将{c2,c4,c7,c8,c9,c11,c12,c13,c15,c16}这 10 个指标对应的评价数据输入 BP 神经网络进行训练,经过了 481 步训练,性能达到要求,训练误差如图 3 所示,该城市水资源可持续利用评价的改进 BPNN 模型至此构建完成。

将表 2 中的湖北省襄阳市、武汉市等七大城市 2012 年的横向标准化数据作为测试样本,输入以上构建完成的改进 BPNN 模型进行仿真实验,验证模型的精度。

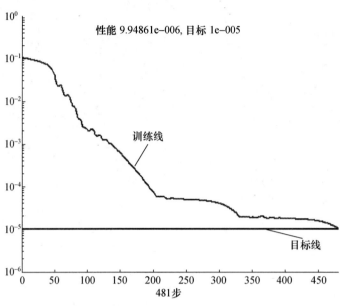

图 3　训练误差变化曲线

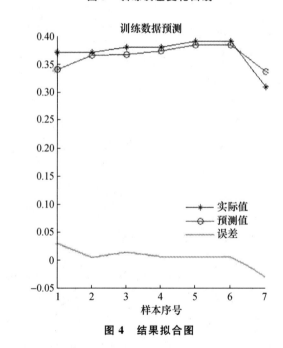

图 4　结果拟合图

　　由图 4 可看出训练数据预测效果良好，实际值与预测值之间的误差较小，误差平方控制在期望误差之下，性能能够满足实际应用的需求。

四、结　　论

本文基于城市水资源可持续利用因素的分析,构建了城市水资源可持续利用评价指标体系,并将属性约简与 BP 模式识别网络结合,通过样本数据的训练,设计构建了城市水资源可持续利用评价的改进 BPNN 模型。通过对湖北省内的武汉市等七大城市 2012 年水资源数据的横向评价仿真验证,结果表明运用本文设计的改进 BPNN 评价模型,对城市水资源可持续利用情况进行评价具有合理性和可行性。

梁子湖流域水资源可持续利用评价指标体系

王　磊　赵　琼[*]

湖泊水污染主要来源于人类生产、生活所产生的污染物,污染源包括工业污染源、农业污染源和生活污染源三大部分。其中工业污染源中的废水、废物对水域的污染尤其严重;农业污染源主要包括牲畜粪便、农药、化肥等,会导致湖泊富营养化;生活污染源主要是居民生活产生的污水、垃圾、粪便等,这些都会对湖泊的生态安全造成危害,影响湖泊水资源的可持续利用。

一、湖泊水资源可持续发展评价指标体系研究现状

根据 Costanza 等[①]关于生态系统健康的定义,湖泊生态系统健康包含两个方面的内涵:满足人类社会合理需求的能力和湖泊水生态系统自我维持的能力。由于人口增加和工农业生产的发展,湖泊生态系统承受的外部压力逐年增加,有些湖泊受到严重污染,严重威胁社会经济的可持续发展和人们身体健康。位居湖北省东南部的梁子湖是全国十大著名淡水湖之一,也是湖北省第二大淡水湖,面积 225 平方公里,平均水深 2.54 米,储水量 6.5 亿立方米。改革开放以来,凭借独特的资源优势和优越的区位优势,梁子湖流域农业、工业和旅游业快速发展。在经济发展的同时,其生态环境压力加大,受到农业面源污染、城乡生活污水污染、集约化畜禽养殖污染等侵害,湖泊水质受到严重威胁。湖泊环境问题已引起各级政府部门的高度重视,但目前湖泊整治工作存在一定盲目性,比如政府部门往往仅从环境角度开展治理工作,忽视生态建设与管理。因此,加强梁子湖湖泊生态系统结构及演化机理研究,建立客观地表征湖泊水资源可持续利用的评价指标体系与方法,对梁子湖流域水环境整治和管理来说,显得十分迫切,而且具有重要意义。

左东启[②]等人于 20 世纪 90 年代对水资源评价指标体系进行了研究,提出了水资源

---

　* 王磊,湖北经济学院统计学院副教授,湖北水事研究中心研究员;赵琼,湖北经济学院统计学院副教授,湖北水事研究中心研究员。

　① 　Costanza R,Mageau M.,What Is a Healthy Ecosystem?,*A-quatic Ecology*,1999(33):105—115.
　② 　左东启、戴树声、袁汝华等:《水资源评价指标体系研究》,载《水科学进展》1996 年第 4 期。

评价主要指标设计的指导思想和主要原则。随后刘恒[①]、夏军[②]等人先后对水资源可持续利用评价指标体系提出相应的观点。尽管水资源可持续利用评价指标体系研究很活跃，但仍存在很多值得探讨的问题，比如选取的指标可操作性差，不少指标资料收集存在很大的困难或这些数据的信息源存在极大的不可靠性。研究者也很少考虑所选指标的独立性和综合性，以致所选指标内涵重叠，使评价失去真实性。

本文针对梁子湖流域的生态环境问题，利用最大熵原理（POME）及水资源可持续利用的相应指标，开展了相关研究，以期为梁子湖流域水环境治理提供科学依据。

二、梁子湖流域水资源可持续发展指标体系的构建

（一）评价指标体系构建原则

评价指标体系是课题研究的基础，其构建应遵循可持续性、公平性、科学性、可操作性、主成分性、针对性等原则。这些都是构建评价指标体系的基本原则，是确保评价体系客观、评价过程合理、评价结果可信的基本要求。

（二）水资源可持续利用评价指标体系的结构

目前，可持续发展思想已被社会广为接受，其实质是通过对人的实践行为的规范来协调关系，实现社会、经济与环境的协调发展。近年来，我国在社会、经济与环境领域针对不同评价目的建立了多种评价指标体系。指标体系评价法已成国内水资源评价研究的热点。[③]

在构建梁子湖流域水资源可持续利用评价指标体系时，既要体现可持续发展的一般性原则，也要反映流域水资源开发利用的基本特性。指标体系结构的设置必须考虑流域自身水资源的特性、数据的可得性、可操作性。本研究选用三层结构来描述流域水资源可持续利用评价指标体系，即目标层、准则层和指标层。本研究指标体系表述如下：

$$W = (R_1, R_2, R_3)$$

其中 R_1 为压力指标，R_2 为状态指标，R_3 为响应指标。

（三）指标的选取

根据可持续性原则，我们构建了压力层、状态层和响应层三层指标，其中压力层包括自然变化和人类影响两大指标；状态层包括人文特征、水质状况、水生态、物理结构和湖滨景观五大指标，响应层分为政策法规、管理水平和公众环境意识三大指标，后续详细的

---

① 刘恒、耿雷华、陈晓燕：《区域水资源可持续利用评价指标体系的建立》，载《科技传播》2003年第3期。

② 夏军、王中根、穆宏强：《可持续水资源管理评价指标体系研究（一）》，载《长江职工大学学报》2000年第2期。

③ 门宝辉、赵燮京、梁川：《我国北方地区水资源可持续利用状况评价》载《南水北调与水利科技》2003年第4期；王华：《城市水资源可持续利用综合评价——以南京市为例》，载《南京农业大学学报》2003年第2期。

第三层指标层见下图。

(四)评价指标体系

目标层指标和准测层指标构成了一个完整的流域水资源可持续利用评价指标体系,该评价指标体系结构见下图。

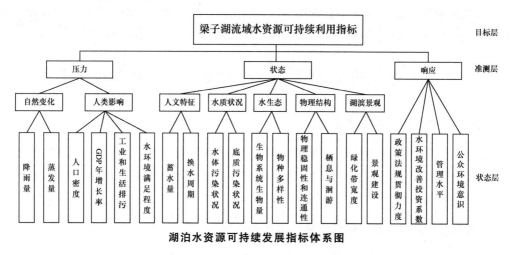

湖泊水资源可持续发展指标体系图

三、梁子湖流域水资源可持续利用评价

本文构建了梁子湖流域水资源可持续利用指标体系,然后利用最大熵原理对上述指标体系进行了研究,得出梁子湖流域的可持续利用程度,并给出后续治理建议。

(一)评价方法

本研究采用基于最大熵原理的模糊优化评价模型,该模型为:

$$
v_{kj} = \frac{\exp\left\{-\eta_l \left[\sum_{i=1}^{m} (w_{ij}(\gamma_{ij} - s_{ij}))^p\right]^{\frac{1}{p}}\right\}}{\sum_{h=1}^{c} \exp\left\{-\eta_l \left[\sum_{i=1}^{m} (w_{ij}(\gamma_{ij} - s_{ij}))^p\right]^{\frac{1}{p}}\right\}}
$$

其中,v_{kj} 为第 k 个评价分区隶属于 j 分级的隶属度;w_{ij} 为第 i 个评价分区第 j 个评价指标的权重;s_{ij} 为第 i 个评价指标隶属于 j 分级的分级标准值隶属度矩阵;γ_{ij} 为指标正规化矩阵;p 为距离系数。

(二)评价指标权重确定和数据需求

本研究中,用层次分析法确定评价指标综合权重矩阵。本研究综合指标权重矩阵为:w,是采用专家打分法得出的结果。由于指标体系中数据需求较多,本文采用的数据大多来源于统计年鉴,但也有部分来自于实地调研和专家估计。

（三）评价结果

根据梁子湖流域各分区水资源及其开发利用状况，用最大熵原理的评价模型对梁子湖流域水资源可持续利用进行评价，评价结果见下表。

分区域评价结果统计表

区域名称		面积	评价结果			
大区	小区	km²	良好	较好	一般	较差
牛山湖集水区	围堤内湖面	44.4	0.004	0.172	0.679	0.145
	围堤外湖面	6.9	0.005	0.314	0.552	0.129
	大区（湖面加陆地）	157.7	0.005	0.234	0.623	0.138
西梁子湖集水区	围堤内湖面	127.8	0.085	0.234	0.655	0.026
	围堤外湖面	41.3	0.124	0.321	0.521	0.034
	大区（湖面加陆地）	744.7	0.103	0.347	0.530	0.020
东梁子湖集水区	围堤内湖面	96.8	0.064	0.201	0.610	0.125
	围堤外湖面	23.1	0.101	0.311	0.552	0.036
	大区（湖面加陆地）	1179.3	0.092	0.325	0.562	0.021

四、梁子湖流域水资源可持续利用政策建议

梁子湖流域水资源可持续利用评价指标体系是诊断流域水资源系统是否能够承受持续开发利用的有效工具。本研究从可持续发展的基本原则出发，设计出一套用以评价流域水资源可持续利用的指标体系，这套指标体系基本上满足可持续发展的基本原则，且具有很好的可操作性。从研究的结果可以看出梁子湖流域中西梁子湖集水区可持续发展的得分略高于东梁子湖集水区和牛山湖集水区，这也和实地调研结果相吻合。但总体来看，梁子湖流域的可持续发展水平较低，需要各级政府部门提高重视，狠抓落实，努力将梁子湖流域的水生态安全建设好，为此提出建议如下：

（一）政府是核心治理主体

保护生态环境、防治水污染，是政府义不容辞的责任。近几年来，为防治梁子湖水污染，省政府和武汉、鄂州、咸宁、黄石四市政府以及相关县市区政府都做了大量工作，也取得了初步成效。为了梁子湖水质好转并长期保持，各级政府必须再接再厉，更加努力，在水污染防治中继续发挥主导作用。

（二）编制梁子湖水资源保护行动计划

为了实现梁子湖水资源保护目标和可持续发展目标，要制定具体的行动计划，将任务进行分解，落实到单位，明确责任人。在梁子湖流域水资源保护行动计划中，将水资源可持续发展作为重点内容，给予高度重视。既要制定长远的行动计划，也有制定年度计划。

（三）明确梁子湖水污染防治责任

考核梁子湖水污染防治情况，上级政府要对下级政府水污染防治任务的完成情况进行定期考核。只要任务分解到位，责任得以明确，就要全力以赴执行，保证完成任务。省政府和市政府要对相关的县市区政府和乡镇政府制定定期考核目标，明确责任人。

政策评估

水库移民后扶政策的实施

　　为妥善解决水库移民生产生活困难，促进库区和移民安置区经济社会可持续发展，维护农村社会稳定，国家出台多项政策对全国大中型水库农村移民实行统一的后期扶持，同时，要求第三方对移民后扶政策的实施情况进行监测评估，以保证国家的政策真正得以落实。"湖北省大中型水库移民后扶政策监测评估中心"作为第三方完成了湖北省后扶政策的监测评估报告，提出了我省下阶段开展移民后扶工作的建议。

湖北省大中型水库移民后期扶持政策
实施情况监测评估报告(2013)[①]

湖北经济学院移民工程咨询中心

根据国家发改委、财政部和水利部《关于开展大中型水库移民后期扶持政策实施情况监测评估工作的通知》(发改农经〔2011〕1033号)等相关文件精神,经过政府采购招标,2013年,湖北经济学院移民工程咨询中心(湖北省大中型水库移民后期扶持政策监测评估中心,以下简称监测评估中心)完成了湖北省2012年度大中型水库移民后期扶持政策实施情况的监测评估工作。

一、监测评估工作开展情况

本次监测评估工作的特点是规范化、专业化和深入化。首先,监测评估中心在中标后进一步完善了《湖北省2012年度大中型水库移民后期扶持政策实施情况监测评估技术方案》,明确了监测评估内容,规范了工作流程,设计了技术路线;其次,监测评估中心组织安排74名专业监测评估人员(其中中高级职称有46人,获得注册咨询工程师、注册会计师、注册造价师的有23人),进行了监测评估业务知识全员培训;最后,根据工作需要,组成12个监测评估工作组,于2013年12月23日奔赴全省各地,进村入户、深入现场,至2014年1月20日,全面完成了对68个重点监测县的外业调查监测任务。

本次监测评估工作采取全面监测和重点监测相结合、年度监测和动态监测相结合、随机抽样和定点跟踪相结合的方式进行。监测评估以县为基本单元,监测评估对象包括县、村、户和项目4个层面。本次监测评估共抽取了全省68个重点监测县、201个定点监测村、4020户样本户和282个典型监测项目。

本次监测评估范围主要是针对2012年度的湖北省大中型水库移民后期扶持政策实

[①] 本报告是《湖北省大中型水库移民后期扶持政策实施情况监测评估报告(2013)》的节选。由湖北经济学院移民工程咨询中心、湖北省大中型水库移民后期扶持政策监测评估中心组织完成。项目总负责人:吕忠梅(湖北经济学院教授、院长,湖北省政协副主席,湖北水事研究中心主任);报告主编:曹礼和(湖北经济学院教授、湖北省水库移民监测评估中心主任)、詹峰(湖北经济学院副教授、湖北省水库移民监测评估中心副主任)。

施情况,内容包括后期扶持政策实施情况、后期扶持资金使用管理情况、后期扶持政策实施效果等方面。本次监测评估期限为 2012 年 1 月 1 日至 2012 年 12 月 31 日,其中,后扶人口情况按自然年度统计,资金使用情况按计划年度监测,项目实施情况监测截止到本次外业调查,政策实施效果情况至 2012 年底。

2014 年 2 月,按照"情况说得清、问题看得准、建议提得实"的要求,监测评估中心完成了 68 个重点监测县（市、区）的县级监测评估动态和 11 个市（州）的市级监测评估报告,并于 2 月底前报送湖北省移民局。据不完全统计,各监测评估工作组在监测评估中发现问题 265 个,提出建议 186 条,并及时向有关市（州）及县（市、区）进行了情况交流和反馈。与此同时,监测评估中心组织 15 名相关专家参加的省级监测评估总报告撰写组,于 2014 年 3 月中旬完成了总报告的撰写。

二、湖北移民后扶政策实施情况

通过本次监测评估,基本摸清了湖北省 2012 年度大中型水库移民后期扶持政策的实施情况。现概述如下:

（一）后扶方式与人口核定情况

2012 年,湖北省继续执行《湖北省人民政府关于印发湖北省大中型水库移民后期扶持政策实施方案的通知》（鄂政发〔2006〕53 号）规定的后扶方式,严格采取原迁移民直补资金和增长人口项目扶持的办法,即原迁移民按照每人每年 600 元的标准直补到人,增长人口按每人每年 500 元标准实行项目扶持到村。从抽查的情况看,原迁移民直补资金发放情况较好,增长人口项目扶持方式各县（市、区）在执行中存在差异。

在人口核定上,2012 年,根据《湖北省大中型水库农村移民后期扶持人口核定登记办法》（鄂移〔2006〕175 号）要求,继续贯彻省将中央核定的水库移民现状人口一次核定到有关县（市、区）不再调整的规定。绝大部分县（市、区）按照"增人不增,减人要减"原则,开展了后扶人口的核定工作。

湖北是全国移民大省。中央核定的湖北省移民后扶人口从 2006 年的 186.23 万人增加到 2012 年的 192.66 万人;湖北省核定到各县（市、区）现状移民人口由 2006—2007 年的 191.59 万人增加到 2012 年的 204.83 万人,其中原迁人口 94.07 万人,增长人口 110.76 万人。据统计,2012 年湖北省移民人数占全省常住人口的 3.5%。

从监测的情况看,2012 年度湖北省实际核增新建水库移民原迁人口 21911 人,涉及潘口、龙背湾、白沙河、水布垭、老渡口、云龙河等 11 座水电站移民。同时,2012 年度各县（市、区）后扶人口自然变化核减 7979 人,其中死亡 7970 人,农转非 9 人。另外,由于行政区划调整,存在区县之间的移民人口变动。如荆门市东宝区 13272 人移民划入漳河新区和掇刀区,掇刀区 2414 人移民划入漳河新区;荆州市沙河区 960 人移民划入荆州经济开发区,江陵县 3979 人移民划入荆州经济开发区。

（二）直补资金发放情况

2012 年,湖北省原迁移民直补资金发放严格执行《湖北省人民政府关于印发湖北省大中型水库移民后期扶持政策实施方案的通知》的规定,采取一卡(本)通的形式,实行社会化发放,大部分县(市、区)一年分两次直接发放到个人,少数县市一年发放一次。据统计,2006—2012 年,湖北省财政累计下拨原迁移民直补资金 33.18 亿元,其中,2012 年下拨直补资金 56561.00 万元,各县(市、区)实际发放资金 52356.54 万元,直补资金发放率为 92.57%。

从监测的情况看,2012 年,湖北省拨付 68 个重点监测县直补资金计划 53410.20 万元,实际发放移民直补资金 49727.36 万元,账面资金结存 3682.84 万元,平均资金发放率为 93.10%。未发放人员主要为自然减员人员、部分外出打工未归移民和少量错登人口以及少数县市新建水库的待核定移民。

（三）增长人口项目实施情况

2012 年,湖北省继续执行增长人口实施项目扶持政策,后扶项目采取村组规划、乡镇申报、县级批复、省级备案的方式。据统计,2006—2012 年,湖北省财政累计下拨增长人口扶持项目资金 36.48 亿元,完成增长人口项目 48125 个。2012 年,省财政下拨增长人口项目资金 55373.00 万元,计划项目 7715 个。截至 2013 年 12 月底,各县(市、区)完成资金 46097.74 万元,占年度计划资金的 83.25%;已完工项目 7263 个,在建项目 269 个,未开工项目 183 个,项目完工占计划的 94.14%。

从监测的情况看,2012 年度,湖北省拨付 68 个重点监测县(市、区)增长人口项目资金 54060.09 万元,实际完成资金 45176.46 万元,完成占计划资金的 83.57%。从项目的实施情况看,在抽查的 181 个增长人口项目中,已完工项目 169 个,占抽查项目的 93.37%;竣工验收项目 161 个,占完成项目的 95.27%。

（四）两区项目实施情况

2012 年,湖北省库区和移民安置区基础设施建设和经济发展规划项目(以下简称"两区项目")继续采取县级申报、省级审批的方式。据统计,2008—2012 年,湖北省累计投入两区规划项目移民资金 19.51 亿元,完成两区项目 6594 个。2012 年,省财政下拨两区项目资金 56204.00 万元。其中,以《关于拨付 2012 年度大中型水库移民后期扶持结余资金的通知》(鄂财企发〔2013〕65 号)、《关于拨付 2012 年度小型水库移民后期扶持资金的通知》(鄂财企发〔2013〕136 号)两份文件下达到各县(市、区)两区项目资金 39721.00 万元,计划两区项目 1286 个,截至 2013 年 12 月底,各县(市、区)累计完成资金 24635.16 万元,占年度计划资金的 62.02%;已完工两区项目 1073 个,在建项目 175 个,未开工项目 38 个,项目完工占计划的 83.43%。

从监测的情况看,由于省级两区资金下拨较晚,68 个重点监测县(市、区)两区项目计划资金 35394.00 万,截至 2013 年 12 月底实际使用资金 19232.94 万元,完成占计划投

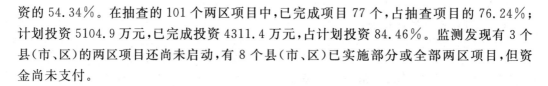

资的 54.34%。在抽查的 101 个两区项目中,已完成项目 77 个,占抽查项目的 76.24%;计划投资 5104.9 万元,已完成投资 4311.4 万元,占计划投资 84.46%。监测发现有 3 个县(市、区)的两区项目还尚未启动,有 8 个县(市、区)已实施部分或全部两区项目,但资金尚未支付。

(五)项目管理情况

早在 2007 年 12 月,湖北省已出台《湖北省大中型水库移民后期扶持项目管理办法(试行)》(鄂政办发〔2007〕118 号)。从监测的情况看,大部分县(市、区)制定了后扶项目管理细则,对执行项目监理、项目招投标、项目验收等作出了明确的规定,2012 年的移民后扶项目管理基本规范,大多数项目按规定进行了项目公示、招投标和施工监理。但也有部分县(市、区)仍存在前期申报工作调查不深入、合同签订不规范、执行"四制"不严格、档案资料欠缺等情况。

在抽查的 282 个典型项目中,有民主表决的项目 256 个,占全部项目的 90.78%;有前期公示的项目 248 个,占 87.94%;有工程施工方案的 118 个,占 41.84%;有移民参与监督的项目 252 个,占 89.36%;项目验收合格的有 244 个,占 86.52%;项目档案资料完备的有 228 个,占 80.85%。据本次监测评估 3651 份有效问卷统计,移民对后扶项目实施的满意度,很满意占 9.12%,满意占 68.52%,基本满意占 12.33%,不满意占 10.12%。

(六)资金使用管理情况

2006—2012 年,湖北省累计投入各类移民后期扶持资金(不含小型水库资金)共计 100.29 亿元,其中国家下拨资金 89.86 亿元,本省征收和自筹资金 10.43 亿元。2012 年,湖北省收到移民后期扶持资金 203464.76 万元,其中国家下拨资金 171659.6 万元,本省征收和自筹资金 31805.16 万元;当年湖北省财政累计下达到各县(市、区)各类移民资金 181854.89 万元。主要使用方向:一是下拨后期扶持资金 111934.00 万元,其中原迁移民直补资金 56561.00 万元、增长人口项目资金 55373.00 万元;二是拨付两区项目规划资金 56204.00 万元,包括下拨到各县(市、区)两区项目资金 39721.00 万元(含移民培训资金 2500.00 万元),其他用于南水北调外迁移民生产发展、处理葛洲坝等移民遗留问题、清江水布垭交通项目、四大连片特困地区项目等专项资金 16483.00 万元;三是拨付其他资金 13716.89 万元,包括中央专项工作经费 2720.00 万元、应急资金 1500.00 万元、小型水库项目资金 4808.89 万元、粮食补贴 3688.00 万元、省级后扶工作经费 1000.00 万元。

从监测的情况看,68 个重点监测县(市、区)移民资金使用比例最高的是原迁移民直补资金(93.10%),其次是增长人口项目资金(83.57%)和两区项目资金(54.34%)。全省大部分县(市、区)移民后扶资金的拨付、使用和管理情况总体良好,资金运作较为安全。但是仍然存在省级两区资金拨付不及时、县级报账制执行不到位、票据管理不规范等问题。

三、本次监测评估基本结论

（一）总体评价

2012 年，湖北省继续认真贯彻执行国务院关于大中型水库移民后期扶持政策实施的决策部署，不断完善后期扶持政策实施的管理体制与机制，加强管理能力建设，移民后扶工作成效显著。为保障移民后期扶持政策顺利实施，进一步加强了后期扶持项目管理和资金管理，保障了项目的总体有序实施和资金安全。同时，针对移民存在的突出困难和问题，不断创新移民后期扶持方式方法，有效促进了"五难问题"的进一步解决，移民突出困难有所缓解，增收能力得到增强，库区和移民安置区社会总体稳定。

1. 因地制宜完善移民后期扶持管理体制与运行机制，移民机构能力建设得到进一步加强。自 2006 年起湖北省建立了部门联席会议制度，并成立了后期扶持工作领导小组及移民管理办公室，建立了部门协作、分工负责的工作机制和"政府领导、分级负责、县为基础"的管理体制。2012 年，湖北省在维持移民后期扶持政策实施的管理体制与运行机制总体不变的情况下，不断加强县级移民机构建设，当阳、枣阳等县（市、区）将原来挂靠政府部门的移民管理机构改为政府直属事业单位（正科级）。在加强移民机构建设的同时，针对后期扶持政策实施过程中的新政策、新内容和新情况，更加重视对移民干部的培训工作，2012 年度培训移民干部 13800 人次，努力使移民干部做到移民工作"情况明、底数清、政策熟"。

2. 实现了后期扶持项目与资金管理的常态化和规范化，项目管理进一步规范，移民资金总体安全。2006—2007 年，湖北省先后出台了《湖北省大中型水库移民后期扶持基金使用管理暂行办法》（鄂财社发〔2006〕108 号）和《湖北省大中型水库移民后期扶持项目管理办法（试行）》，目前各县（市、区）都制定了相应的项目管理和资金管理的实施细则。2012 年，大部分县（市、区）能按照"县级负责、部门主管、乡镇组织、村组实施"的原则实施，按照工程项目"四制"管理规定规范项目管理，且已成为移民后期扶持项目管理的常态化工作。在资金管理方面，湖北省建立了移民后扶资金的定期检查和专项审计制度，每年由省移民局牵头，组织财政厅、审计厅等相关部门对各地后扶资金拨付、使用、管理情况进行联合检查或审计，发现问题，及时整改。监测评估显示，2012 年湖北省移民后期扶持资金是安全的、项目管理比较规范。

3. 探索龙头企业、专业合作社和家庭经营相结合的多维产业扶持模式，努力实现村村有主导产业，户户有发展门路。湖北省在实现解决移民"五难"问题等后期扶持主要目标的同时，正逐步将后期扶持工作重心转向移民增收。以移民增收为目的，通过制定产业发展规划，有目标、有计划地开展产业扶持，如钟祥市柴湖镇作为全国最大的移民建制镇，以培育主导产业为发力点，编制了柴湖振兴发展规划；郧县作为南水北调中线工程移民大县，制定了生态产业发展规划，着力发展绿色产业，扶持发展蔬菜、瓜果、核桃、茶叶、油茶等产业。同时，湖北省积极探索龙头企业、农业专业合作社和家庭经营为一体的多维度产业扶持模式。

4. 以典型村建设为示范,整村推进,采取综合措施解决移民村的发展问题。湖北省在扶持广大移民群众生产生活条件改善的同时,注重整合资源,在全省范围内大力发展典型示范村建设和以危房改造为主要内容的美丽家园建设行动,解决移民的突出问题。特别是"一村一策、整村推进",突出"美化、洁化、硬化、亮化、绿化"等多措并举,启动了钟祥市柴湖大型移民安置区新农村示范工程建设,催生了团风县黄湖村、郧县柳坡村、竹山县上庸村、竹溪县新洲村等一大批环境优美、经济发展充满活力、移民群众安居乐业的移民新村。各地政府和移民机构不断创新工作思路,引导移民安稳致富,取得良好效果。

5. 移民"五难"问题得到进一步缓解,库区和移民安置区社会总体稳定。通过资金直补、项目扶持和典型示范村建设,湖北省大中型水库移民后期扶持政策实施情况总体良好。其中,后期扶持直补资金以解决移民基本生活为出发点,直接增加移民收入,尤其对贫困移民人口帮助很大;后期扶持项目以解决移民生产生活中的突出困难问题为重点,提高了移民生产条件,方便了移民生活。经过连续几年的后期扶持,困扰移民生产生活的"五难"问题得到了基本解决,同时也使安置区居民从项目实施中得到了实惠,提高了库区和移民安置区的公共服务水平,维护了库区和移民安置区社会的和谐稳定。

(二)问题与建议

1. 进一步加强对后扶项目实施的监管,确保后期扶持项目的工程质量和投资效益。监测中发现部分县(市、区)存在一些移民后期扶持项目的合同管理、招标投标、建设监理和竣工验收等未按照规定程序执行等问题。建议各县(市、区)进一步明确移民后扶项目的分类管理责任主体和实施责任单位,严格执行《湖北省大中型水库移民后期扶持项目管理办法(试行)》的规定,一是加强后扶项目的合同管理,强调对项目合同的事前审查和备案制;二是规范招标投标程序,强调对投标人的资格、资质、组织机构代码、营业执照等的审查;三是监督严格执行行业管理程序和竣工验收相关规定,加大对工程项目竣工验收的管理和督促检查力度,确保工程质量并发挥移民投资效益。

2. 进一步加强对后扶资金使用的监管,确保移民资金专款专用。监测中发现部分县(市、区)存在后扶资金使用不符合相关规定和资金管理不规范等情况。建议:一是省移民局会同省财政厅针对后扶资金使用与管理现状出台后扶结存资金的使用管理办法,明确原迁人口自然减员结余资金和项目决算结余资金的使用方向和审批程序,确保移民后扶资金专款专用;二是各县(市、区)移民局加强对移民后扶资金的使用监督与管理,严格实行"县级报账制",保障移民投资效益;三是省财政厅、省移民局、省审计厅等部门应联合各地纪检、监察、审计部门加强对全省后扶项目资金使用、报账情况的全面审计,并组织对重点县(市、区)移民后扶项目资金进行专项稽查。

3. 进一步加强对地方各专项规划之间的统筹协调,减少资金浪费,确保后扶项目持续发挥效益。本次监测发现,一些地方的后扶项目规划、计划与其他部门规划项目和资金使用之间没有统筹兼顾,还有少数后扶项目完建后缺乏维护管理,损毁严重,造成移民资金浪费。建议:启动湖北省大中型水库移民"十三五"规划的前期调研工作,进一步加强各专项规划之间的统筹协调和规划管理工作,尤其要强调大中型水库移民后扶政策与国家、省(市)其他有关惠民政策的衔接,科学编制移民后扶规划和两区规划,对纳入年度计划的项目实行严格的申报和审批制度,并明确相关项目的责任主体。同时建议设立移民后扶项目维护管理基金,加强对项目实施过程的管理和完建工程的移交与维护管理,确保后扶项目持续发挥效益。

4. 进一步探索生产开发项目的效益分配机制,保障移民受益。据监测,各地扶持生产发展的项目占比总体偏低,促进移民安稳致富的力度还不够,且一些地方的生产发展项目的效益分配缺乏明确的管理规定和监管机制,难以保障移民受益。建议:各地在充分尊重移民意愿的基础上,因地制宜出台生产开发项目效益分享管理办法,根据不同项目有目的地进行试点,逐步建立、健全产业开发项目的收益分配与监管机制,在保障移民受益的同时,实现多方共赢。

纠纷解决

水事纠纷的应对机制

水作为生命之源，是生物圈不可或缺的重要资源，人类和其他物种的生存都离不开水资源。由于水利牵涉上、下游，左、右岸地区之间和防洪、治涝、灌溉、发电、航运、排水、供水等各项事业之间不同的利益和需要，水事关系极为错综复杂；同时，其他各项建设事业，如城市、交通和工业建设也常常牵涉水利，如果处理不当，很容易引发水事纠纷。水事纠纷一旦发生，将给社会、经济和人民生活带来诸多损失，故研究我国水事纠纷解决机制，对于维护社会稳定和经济发展的安全性有着重要意义。

论行政边界区域水事纠纷的可诉性①

肖　爱　李　峻*

一、引　言

旧的《环境保护法》(1989)第15条规定:"跨行政区的环境污染和环境破坏的防治工作,由有关地方人民政府协商解决,或者由上级人民政府协调解决,作出决定。"这是我国环境保护法原来对跨行政区环境纠纷解决的最权威规定,实践中通常只要环境纠纷具有跨行政区性质,基本上对纠纷不作区分就按照该条文进行"协商"或"协调"处理,很少进入诉讼程序。新修订实施的《环境保护法》(2014)第20条虽然规定了"国家建立跨行政区域的重点区域、流域环境污染和生态破坏联合防治协调机制,实行统一规划、统一标准、统一监测、统一的防治措施",但是,此外的"跨行政区域的环境污染和生态破坏的防治,由上级人民政府协调解决,或者由有关地方人民政府协商解决",这就是说,至少在国家的重点区域、流域"联合防治协调机制"没有出台前,跨行政区环境纠纷的解决还是只能像以前那样"协商"或"协调"解决。

然而,根据《水法》第56条、第57条以及《水污染防治法》第28条,行政边界区域水事纠纷实际上包括两大类环境纠纷,即"行政边界区域政府间水事纠纷"和"行政边界区域民事主体间水事纠纷":《水法》在"水事纠纷处理与执法监督检查"一章中规定了"不同行政区域之间发生水事纠纷"(第56条)后又规定了"单位之间、个人之间、单位与个人之间发生的水事纠纷"(第57条),这是有意区分了两类水事纠纷,将"不同行政区域之间发生水事纠纷"仅指区域内各政府间的"环境污染和环境破坏的防治工作",是政府之间在水环境监管方面产生的争议,以此与平等民事主体间的水事侵权纠纷即"单位之间、

---

①　本文相关基金项目:教育部2013年人文社科基金项目"我国流域生态补偿的法律机制研究——以淮河流域和太湖流域为例"(13YJC820045);国家社会科学基金重点项目"我国流域生态补偿法律制度建设研究"(12AFX014);"湖北水事研究中心"项目"行政边界区域水事纠纷解决机制研究"(2012B005);2013年湖南省社科基金项目"武陵山片区生态补偿法律机制研究"(13YBA269);国家社科基金青年项目"府际竞争背景下的区域环境法治研究"(09CFX039)。
*　肖爱,男,湖南绥宁人,法学博士,吉首大学法学院副教授,硕士研究生导师,湖北省高校人文社科重点研究基地"湖北水事研究中心"研究员;李峻,男,湖南新宁人,南京邮电大学教授,博士,硕士研究生导师。

个人之间、单位与个人之间发生的水事纠纷"相区别。不对纠纷进行区分就将带有跨行政区因素的环境纠纷都由县级以上人民政府进行"协商"或"协调"解决，排斥诉讼解决的具体适用，这显然与上述立法相违背。造成这种状况的是具体纠纷解决中对跨行政区纠纷进行泛政治化处理的传统行政思维使然。从实质上看，行政边界区域水事纠纷诉讼解决的核心目标就是要破解这类区域性环境问题的泛政治化弊端，"通过诉讼审判，司法有可能把一般问题转化为个别问题、把价值冲突转化为技术问题，从而使可能给政治及社会体系正统性带来重大冲击的某些复杂问题或矛盾得以有效地分散或缓解"。①

然而，目前在我国的法制框架下，"行政边界区域政府间水事纠纷"不具有可诉性，只能通过不同行政区政府之间协商或者在上级政府主持下进行协调解决；而"行政边界区域民事主体间水事纠纷"具有可诉性，但是其诉讼解决还存在不少困境，有待反思与完善。

二、"行政边界区域政府间水事纠纷"不具有可诉性

现行《环境保护法》第 20 条、《海洋环境保护法》第 8 条、《水污染防治法》第 28 条对"行政边界区域政府间水事纠纷"作出了明确规定，都设在"监督管理"一章，可见这类水事纠纷的解决是作为政府环境监督管理制度来对待的，而不是与损害赔偿纠纷同质对待，这类纠纷仅限于环境行政监督管理事务。

对于这类"行政边界区域政府间水事纠纷"，法律规定的是一种行政或政治解决机制，排除了诉讼解决的途径，即由有关地方人民政府协商解决，或者由其共同的上级人民政府协调解决，上级政府在协调后作出决定，一旦作出决定，双方必须坚决执行。《水法》的规定更为明确："协商不成的，由上一级人民政府裁决，有关各方必须遵照执行"（第 56 条），并且如果"拒不执行上一级人民政府的裁决的"，"对负有责任的主管人员和其他直接责任人员依法给予行政处分"（第 75 条）。可见，对这类水事纠纷的解决，强调的是行政责任，是一种管理手段，而不是民事意义上的纠纷解决，上述规定实质是规定了"跨行政区协调制度"，"就是正确处理跨行政区（包括乡镇与乡镇之间、县区与县区之间、市地与市地之间、省市与省市之间）的环保相邻关系的法律制度"，协商与协调"均应由人民政府出面"，环保部门可以参与，提供必要的资料与意见等，"但不能代替政府作出决定"。② 这里需要指出的是，关于这类水事纠纷，法律明确了其纠纷解决的主体是"有关地方人民政府"或"上级人民政府"，但并没有排除乡镇基层政府的主体地位。

有人认为上述"裁决"是"行政裁决"，"有关各方必须遵照执行"，"是裁决的行政行为效力的体现，而不是裁决属于最终裁决的体现"，因此，《水法》第 56 条规定的上一级人民政府对不同行政区之间水事纠纷的裁决不属于最终裁决，因而具有可诉性"。③ 笔者认为这是不恰当的，因为行政裁决是指"行政主体依照法律授权，以中间人的身份，对特定的民事纠纷进行审理和公断的具体行政行为"，"作为行政裁决对象的民事纠纷，包括民

---

① 吕忠梅:《水污染纠纷处理主管问题研究》，载《甘肃社会科学》2009 年第 3 期。
② 游成龙:《环境保护法解析》，中国环境科学出版社 1991 年版，第 70—73 页。
③ 江滔:《跨行政区水事纠纷解决机制研究》，昆明理工大学 2008 年硕士学位论文。

事赔偿纠纷、民事补偿纠纷、有关财产所有权和使用权的纠纷等"。①《水法》第 56 条中"裁决"的作出机关不具有"对象上的民事性""身份上的中间性"等行政裁决的法律特征，不能凭字面就将其定性为"行政裁决"。即使当前一定程度上认可政府的民事主体性地位，至少目前在实践中由政府起诉其上一级政府这样的"官告官"的诉讼是不可想象的，也缺乏法律依据，这样的纠纷即使"裁决"有误，也只能通过行政方式或政治方式纠错而不可能诉诸司法。但是，如果所作出的"裁决"侵害了公民的合法权益，该公民以作出"裁决"的该上级人民政府为被告提起行政诉讼应该是恰当的，应该明文规定这类争议的可诉性。但是，这是公民与"上一级人民政府"之间的纠纷，而不是行政边界区域政府间纠纷。

当然，随着政府由"管制型政府"整体转型为"服务型政府"后，政府之间的水事纠纷也应该可以纳入司法主管范围，法律规定不可诉的情形除外。这有助于促进行政边界区域水事纠纷的依法解决，美国等法治发达国家的经验也充分证明了这一发展趋势，正如托克维尔所指出的，"在美国，几乎所有政治问题迟早都要变成司法问题。"②诉讼是经由法院行使司法职权解决纠纷的机制，是现代法治社会公平正义的最后保障手段。"司法是法治社会中一个极富实践性的基本环节，是连接国家与社会之间的主要桥梁。"③总的看来，"司法通过审判将合理的确定性和法则的可预见性与适度的自由裁量相结合，这种形式优于实施正义的其他任何形式"。④ "大概还没有什么比司法角色严格、高效地依法履行职责和良好的公众形象更直接有效的社会控制机制了。"⑤"在西方，无论地方自治程度的高低，通过司法程序对地方进行监督的做法已被普遍采用。"⑥我国中央对地方监督倚重人事控制和行政强制，该监督方式本身的局限性无法保证地方对法律、对国家意志的执行。因此，随着法治的不断推进，行政边界区域水事纠纷，也可能通过诉讼途径解决。

三、"行政边界区域民事主体间水事纠纷"诉讼解决面临的困境

从《水法》第 56 条、第 57 条并列规定来看，立法者的意图是将"行政边界区域民事主体间水事纠纷"视为一般的污染损害赔偿纠纷，这类纠纷并没有因行政边界分割而改变其主体之间的平等关系。因此，如果选择诉讼救济途径，就向法院以对方当事人为被告提起损害赔偿诉讼，无论哪一行政区有关行政机关对该纠纷作出调解决定，都不影响对该决定不服的当事人以对方当事人提起民事诉讼。理论上看，似乎按现行《环境保护法》规定的污染损害赔偿救济机制就足以解决这类环境纠纷，但是，司法介入的严重不足已

① 胡建森：《行政法学》（第 2 版），法律出版社 2003 年版，第 273 页。
② 〔法〕托克维尔：《论美国的民主》，董果良译，商务印书馆 1988 年版，第 310 页。
③ 吕忠梅：《司法公正价值论》，载《法制与社会发展》2003 年第 9 卷第 4 期。
④ 〔美〕罗纳德·德沃金：《法律的概念和观念》，信春鹰译，载《环球法律评论》1991 年第 3 期。
⑤ 程竹汝：《社会控制：关于司法与社会最一般关系的理论分析》，载《文史哲》2003 年第 5 期。
⑥ 应松年、薛刚凌：《地方制度研究新思路：中央与地方应用法律相规范》，载《中国行政管理》2003 年第 2 期。

成为这类纠纷解决机制的突出问题。[①]

首先，行政处理排斥司法介入。如前所述，"行政边界区域政府间水事纠纷"不具有可诉性，只有协商和协调处理这类非诉讼解纷机制，而排除了诉讼解纷机制的适用。但是，法律并没有明确这类纠纷的具体范围，而基于"官本位"的父权心理，地方政府很容易大包大揽，不由自主地把本行政区"子民"与邻行政区"子民"的纠纷上升为政府间问题，尤其当该纠纷涉及本行政区经济发展或"地方稳定"等政绩性问题时，政府很容易越俎代庖，而不是努力帮助民事主体沟通、协调解决纠纷；而另一方面，因为社会组织化程度低的现实，老百姓对政府有过强的依赖心理，"有事就找政府"也成为地方政府体现亲民的政治广告，所以当发生"行政边界区域民事主体间水事纠纷"时，面对另一行政区强势当事人，弱势一方当事人就下意识地将所有希望都寄托于政府尤其是本行政区政府处理，这样事实上就将民事主体间的水事纠纷泛化为"行政边界区域政府间水事纠纷"。我国目前没有跨行政区环境纠纷的处理机制，因而很难像日本那样将跨行政区的环境纠纷通过行政处理进行解决。日本《公害纠纷处理法》明确规定：跨越两个都道府县行政区的公害纠纷案件，原则上由有关都道府县设立联合审查委员会进行斡旋、调解，不能达成协议时将案件交付"中央公害等调整委员会"管辖。"中央公害等调整委员会""依照类似于裁判的程序"审理，作出"责任裁定"，当事人不服的，可以向法院提起请求损害赔偿的民事诉讼。受理法院可无视原裁定的存在，独立审理该纠纷。[②] 通过"中央公害等调整委员会"的处理，很多公害纠纷肯定能得到解决，但是，该委员会不能解决的也可以通过诉讼解决。即使我国有完备的行政处理制度，跨行政区环境民事纠纷也应该有明确的诉讼途径；行政主体执法行为的合法性也需要司法审查监督和保障；行政相对人与执法主体间的争议也需要有一定途径加以裁断；执法者的不作为应该受到法律的追究。而仅依靠行政机关的自觉不可能做到这些，即使设立行政系统自我监督机制，其公正性、权威度和公信力也都难以得到社会广泛认同。因而可以说，明确行政边界区域水事纠纷处理问题上行政权与司法权的分工，并建立合理的运行机制，是解决这类问题的首要之举。根据有关法律规定和司法解释，当事人对处理决定不服的，只能重新提起民事诉讼。这一做法使行政机关的处理行为不受司法监督，因而在区域环境纠纷可能影响其政绩的时候，会很乐意代表本辖区有关主体积极处理纠纷，而一旦估计不会在任期内对政绩造成影响时，政府便互相推诿、拖延。长此以往，造成行政边界区域环境问题积重难返。

其次，主体参与司法渠道封闭，难以抵制地方保护主义。从管辖制度来看，2012年修正的《民事诉讼法》第28条规定："因侵权行为提起的诉讼，由侵权行为地或者被告住所地人民法院管辖。""侵权行为地"包括侵权行为实施地和侵权结果发生地。但是水污染，甚至日益突出的与水污染相关的重金属生物性或化学性、物理性迁移污染等经常发生在具有整体性的区域生态单元中，使得行政边界区域水事纠纷中"侵权行为地"往往涉及多个行政区域，在某一行政区域法院诉讼，由于当前法院的"地方化"积弊，地方法院受本辖

---

① 吕忠梅：《水污染纠纷处理主管问题研究》，载《甘肃社会科学》2009年第3期。
② 〔日〕原田尚彦：《环境法》，于敏译，法律出版社1999年版，第37—42页。

区利益和政治影响而有意无意地不立案或拖延案件审理,这样的审理当然也很难获得相邻行政区政府和当事人的充分认可,法院裁判的公信力也大打折扣,进而导致判决难以得到有效执行。此外,法院审理行政边界区域水事纠纷案,对相邻行政区的司法协助要求很高,而现实中,相邻行政区政府甚至法院常常无故不予协助或故意拖延,甚至各行政区都以具有合法资质的鉴定机构出具彼此相矛盾的环境鉴定结论来相互对抗,使法院审理举步维艰。因此,应该完善管辖制度,使区域相关主体都有平等参与机会,同时需要加强法院判决的执行制度,树立判决的绝对权威,而不至于被某一行政区影响诉讼进程。

从原被告主体来看,我国法律规定适格当事人应与案件有"直接利害关系",否则无法向法院提起诉讼。对行政边界区域水事纠纷而言,固守这一条件,无论是受害者的私益救济还是对区域水事的公益救济都很难实现。在私益救济中,环境污染影响面广、当事人多,而且带有不确定性。要求单个受害者分别提起诉讼,因为成本巨大,受害者可能不愿提起诉讼。而代表人诉讼的门槛过高,而且为了追求案件数量,法院很少采用代表人诉讼的形式。受害者授权的组织或团体的诉讼资格也无法得到确认,因而区域水事纠纷必然很难进入司法程序。而对于公益诉讼救济,虽然新修订的《民事诉讼法》第55条规定对污染环境等损害社会公共利益的行为,"法律规定的机关和有关组织可以向人民法院提起诉讼"。但是究竟什么是"法律规定的机关和有关组织"还没有明确的法律规定,流域管理部门、环境保护主管部门、人民检察院的公益诉讼主体资格一直都饱受理论界和实务界争议,"有关组织"也有待具体明确。

四、"行政边界区域民事主体间水事纠纷"诉讼解决机制优化

(一)行政边界区域水事司法"国家化"

"地方制度是国家制度的重要组成部分,无论地方是否实行自治,涉及的都是行政权的分配问题,重要事项的立法必须为国家保留,司法权也不能在国家和地方之间分割。"①我国单一制宪政体系下,司法权本来就是国家的,但是法院和法官的人财物受制于地方,这一制度安排使司法权异化,而形成了"地方化"的现实。基于此,行政边界区域水事纠纷诉讼解决不能不面对司法"国家化"的问题。

行政边界区域水事纠纷的诉讼解决面临的最大障碍就是行政分割导致的地方主义以及司法本身地方化和行政化的弊端。事实上,在"行政化"和"地方化"的背景下,任何一个地方法院审理行政边界区域水事纠纷案,其公正性都会受到"合理"怀疑。区域水事纠纷的解决最理想的是有一整套独立的能不受地方任何掣肘的司法体系,法院的所有人财物都不受地方政府的制约,法院和法官的职能非常纯粹,即维护国家法制的统一。司法机关只依据事实和国家宪法与法律来裁决案件,实现国家意志,而不应受任何直接或间接因素不当影响、威胁或干涉。

---

① 应松年、薛刚凌:《地方制度研究新思路:中央与地方应用法律相规范》,载《中国行政管理》2003年第2期。

对于现代国家而言，中央政府对地方的控制主要通过制定法律和政策以及监督检查其实施情况来实现。然而，中央政府不可能对地方政府制定的实施细则进行全面审查，这势必导致地方政府"上有政策，下有对策"，虚与委蛇甚至明目张胆违抗中央意志，结果等到问题或底层民意为中央所了解时，已错过了解决问题的最佳时机甚至酿成了祸患，解决问题、调整决策的难度和成本急剧增大。

强有力的统一司法是国际社会化解国内行政边界区域纠纷的惯常做法。美国建国者们设置了"多元管辖权"制度，授权联邦法院介入不同州的公民之间的诉讼。为了防止各州对这一制度的规避以及州法院受地方利益和地方政府影响而滥用司法裁量权，1789年的司法法案又规定了"申请移送管辖"（removal）程序：公民在非本州法院系统被起诉的，可以申请把这个案件移送到联邦法院审理。这个规定在 1875 年的《管辖与移送法》（The Jurisdiction and Removal Act of 1875）中被进一步强化：允许任何一方当事人申请移送；尽管部分当事人为同州公民，但如果真实争议发生在不同州公民之间，便可申请全案移送；不管当事人身份如何，只要涉及联邦问题，便可申请移送管辖；明确联邦地区法院和上诉法院有被申请移送管辖的权力。① 美国正是通过这一"多元管辖权"制度以及宪法州际商业条款，强化了司法在解决州际纠纷中的积极作用，为州际边界区域水事纠纷的解决提供了法治途径，也强化了联邦政府对全国各州的有效统治。这对我国颇有借鉴价值。

印度邦际水事纠纷最初通常是通过广泛的协商和调解，并在许多方面形成了规范性协议。但仍有众多邦际水事纠纷尤其是邦际水污染纠纷仅通过协商或调解无法解决，最终还得求助于联邦司法。无论当事双方最初多么努力，形成了多少协议，但最后还是通过联邦司法作出最后判决而解决纠纷。②

长期以来，我国主要依赖行政和立法来保障"法制统一"。然而，"一味依赖立法、单纯配合立法和行政执法，将可能不仅要承担进入司法环节之前各个环节产生的苦果，同时又因其自身的弊病反作用于前两环，从而造成恶性循环"。③ 片面依赖立法和行政来实现国家"法制统一"和"中央集中统一领导"的政治目的，就会对法治所需要的权力结构产生极为不利的影响，导致行政边界区域水事纠纷这样的跨行政区纠纷复杂难解。

在强势的行政权力机制影响下，我国司法"行政化"和"地方化"也成为法治障碍。④强化中央司法权力，实现"司法国家化"和真正的司法独立⑤，发挥司法解决环境纠纷个案的独特优势，避免将简单纠纷转化成政治性群体事件，这才是我国实现保障"中央集中统一领导"、克服地方保护主义的政治目标的治本之策。"通过建立独立强大统一的司法体

① 程金华：《地方政府、国家法院与市场建设——美国经验与中国改革》，载《北京大学学报（哲学社会科学版）》2008 年第 6 期。

② 钟下秀、刘洪先、李培蕾、曹永强：《印度解决邦际水事纠纷的相关法律、做法和启示》，载《水利发展研究》2005 年第 11 期。

③ 张晏：《中国环境司法的现状与未来》，载《中国地质大学学报（社会科学版）》2009 年第 5 期。

④ 曾宏伟：《司法功能与中央权威》，载《法律适用》2006 年第 5 期。

⑤ 刘作翔：《中国司法地方保护主义之批判——兼论"司法权国家化"的司法改革思路》，载《法学研究》2003 年第 1 期。

系,逐渐形成统一的法律秩序,较之立法上的集中统一,以及行政中央集权,能够更有效地实现国家领土的政治和经济一体化。"①通过司法途径实现国家"法制统一"和"中央集中统一领导",有利于社会形成敬仰法律的文化,更容易使居民成为有凝聚力的公民社会成员,司法和法律的权威得以树立,国家"法制统一"和"中央集中统一领导"就能得到有效保障。总之,强化诉讼解决机制,是国家实现"中央集中统一领导"和国家法制统一的政治目标的最佳选择,在行政边界区域水事纠纷解决中具有无可替代的重要性。目前,从务实可行的立场出发,针对行政边界区域水事纠纷诉讼解决面临的司法"国家化"目标,可以考虑如下方案:

首先,明确将行政边界区域水事纠纷初审上收一级,由中级人民法院或高级人民法院初审,从审级上初步摆脱与边界区域环境具有最密切经济利益联系的县级政府。区域性水事纠纷往往在被正式提交政府尤其是法院时,就已经对区域内各行政区实际上产生了"重大影响"。根据《民事诉讼法》第18条、第19条,将区域性水事纠纷作为"在本辖区有重大影响的案件"交由中级人民法院或高级人民法院管辖、将产生重大影响的省际边界区域水事纠纷交由高级人民法院或最高人民法院是合理、合法的。区域性水事纠纷初审上收一级,既有利于规避当地县级政府的干扰,更好地在审理中保障国家法制的统一性,增加区域各行政区基层社会对司法的信任,能更好地配合诉讼进程,维护国家的司法权威,同时又有利于预防环境问题和环境纠纷恶化;但可能增加中级人民法院的负担,这可以通过中级人民法院专门化和专业化的审判机制得以避免。

其次,基于地方人民法院受制于行政区划而难以摆脱地方化尤其是省级政府影响的现实,由最高人民法院直接往省级边界区域灵活派出巡回法庭,以最高人民法院巡回法庭的名义打破审级限制、地域限制、三大诉讼分立的现状而直接审理行政边界区域重大纠纷或二审案件,尤其是复杂的区域性水事等资源环境纠纷案件。如果发生区域性水事纠纷,当事人可以按照民事诉讼法向有管辖权的中级人民法院或高级人民法院起诉,不服判决的可以向最高人民法院巡回法庭上诉;也可以直接向巡回法庭起诉,由最高人民法院巡回法庭决定是否由本法庭审理,不能审理的必须指定恰当的地方中级或高级人民法院审理。我国的异地审判制度也可以作为区域水事案件司法之借鉴,以避免本地政府的干涉,但是必须考虑水事纠纷案件的特性而在案情和证据等方面设置利于异地审判的规则。如果考虑到司法地方化和行政化的现实以及宪法、行政法对"跨行政区域的事务"由共同的上级政府或国务院决定的规定,由最高人民法院巡回法庭管辖跨行政区水事纠纷也是合理选择。巡回法庭的上诉审兼顾事实审和法律审,其判决为终审判决,"二审终审制"必须得到彻底的贯彻。"司法的形式公正使法律体系能够像技术合理性的机器运行一样,成为公平正义的'生产线',极大地提高了法院和法官的公信力"。② 按照联合国《关于司法机关独立的基本原则》,司法权威体现为:"法官负有对公民的生命、自由、权利、义务和财产作出最后判决的责任;司法机关对所有司法性质的问题享有管辖权,并拥

---

① 曾宏伟:《司法功能与中央权威》,载《法律适用》2006年第5期。
② 吕忠梅:《司法公正价值论》,载《法制与社会发展》2003年第9卷第4期。

有绝对的权威就某一提交其裁决的问题按照法律是否属于其权力范围作出决定;法院作出的司法裁决不应加以改变"。因此,"司法权威的集中表现在于终审制度"。[1] 宁肯用严苛的法官选任与职业性评价机制,建立判决公开和充分说理制度,并迫使法官对自己的审判活动负责,同时采取有效措施激励和保障法官独立办案,严格监督和杜绝任何机构或个人干扰法官办案,而不得延续"再再审"的做法毁坏司法公信力。

可喜的是,2013年11月12日通过的《中共中央关于全面深化改革若干重大问题的决定》明确规定:"改革司法管理体制,推动省以下地方法院、检察院人财物统一管理,探索建立与行政区划适当分离的司法管辖制度,保证国家法律统一正确实施。"这对省级行政区内跨行政区水事司法"去地方化"意义深远,也必将减少跨省水事等资源环境纠纷的产生。此外,在诉讼法层面也进一步完善了相应的司法管辖制度。《最高人民法院关于适用〈中华人民共和国民事诉讼法〉的解释》(自2015年2月4日起施行)第40条规定"发生管辖权争议的两个人民法院",协商不成则报请共同上级人民法院指定管辖;"双方为跨省、自治区、直辖市的人民法院,高级人民法院协商不成的,由最高人民法院及时指定管辖",第一次明确了跨省级行政区的民事纠纷的司法管辖权争议的解决途径,为跨省区域水事纠纷的司法管辖确立了明确的规范。

最值得期待的是,我国经过数十年讨论,终于确立了巡回法庭制度。"为依法及时公正审理跨行政区域重大行政和民商事等案件,推动审判工作重心下移、就地解决纠纷、方便当事人诉讼",2015年1月5日最高人民法院审判委员会通过了《最高人民法院关于巡回法庭审理案件若干问题的规定》,正式设立两个巡回法庭[2],作为"最高人民法院派出的常设审判机构",受理各自巡回区内相关案件,其"作出的判决、裁定和决定,是最高人民法院的判决、裁定和决定"。最高人民法院可以根据需要增设巡回法庭、调整巡回区和案件受理范围。巡回法庭审理或者办理巡回区内发生的应由最高人民法院审理的"全国范围内重大、复杂的第一审行政案件","在全国有重大影响的第一审民商事案件"以及"不服高级人民法院作出的第一审行政或者民商事判决、裁定提起上诉的案件"等11类案件。巡回法庭制度的正式展开必将有利于跨省水事纠纷的及时、权威解决,有效避免各级地方政府对司法的干扰,从而实现司法"国家化",切实保障司法的国家统一性,维护国家法治统一。

(二)区域水事司法"专门化"

区域水事问题涉及多元主体的利益关系和多元主体的权力结构关系,在没有广泛公正公开的参与机制和程序保障下,很容易被强势权力所泛化,脱离纠纷本身的基本性质。笔者认为,区域水事纠纷之所以常常引发群体性事件,一是因为企业的逐利本性和政府片面追求GDP形成的利益共同体关系,与底层居民涉及生命健康和安全的环境权益之间存在现实的尖锐对立,不存在单由人们的通情达理、服从大局的高尚品德解决问题的

① 吕忠梅:《司法公正价值论》,载《法制与社会发展》2003年第9卷第4期。
② 第一巡回法庭设在广东省深圳市,巡回区为广东、广西、海南三省区。第二巡回法庭设在辽宁省沈阳市,巡回区为辽宁、吉林、黑龙江三省。

逻辑空间,一个只靠人们的善良和奉献维持的制度或体制是注定缺乏持久生命力的;二是区域性水事纠纷涉及的广泛专业技术性,使因果关系不易明确,所以很容易吸引、汇聚不直接相关的"利益"关系,而使水事纠纷很快模糊化或泛化。因此,区域水事纠纷的诉讼救济机制内在地要求司法人员具有环境法专业知识和技能,能敏锐地抓住核心问题,使诉讼不脱离区域水事纠纷本身。因为当前环境诉讼受三大诉讼体系分立所困扰等问题,环境诉讼专门化成为化解区域水事纠纷诉讼困境的理性选择。"环境审判专门化不仅是形式上设立专门的审判组织,同时也是审判程序上的融合。"① 与区域水事纠纷诉讼解决相关的司法专门化问题需要重点突出如下方面:

第一,突出区域水事纠纷诉讼的目的。一是"定分止争",尤其是要及时有效地解决民事主体之间的水事纠纷,以防止延宕为区域性环境事件。二是推动形成区域环境价值的共识,发挥司法形成社会公共政策和规范的功能,推动区域水事公共政策和法律制度的制定与完善。三是保障区域水事公共利益。区域水事纠纷往往涉及多元主体的公益和私益,"以公益的促进为建制的目的与诉讼的要件,诉讼实际的实施者虽或应主张其与系争事件有相当的利益关联,但诉讼的实际目的往往不是为了个案的救济,而是督促政府或受管制者积极采取某些促进公益的法定作为,判决的效力亦未必局限于诉讼的当事人"。②

第二,区域水事纠纷诉讼模式选择。传统诉讼考察的是纯私益或纯公益的纠纷,而区域水事纠纷往往是公私益交织、环境利益和经济利益交融,借助司法更有利于创新区域水事政策和法律规范,"作为一种司法策略,法官可以以'相邻关系'的处理方式为基础,适用财富最大化原则解决'环境权利冲突'侵害的纠纷"。③ 同时可以适用司法"便利"原则,采用司法调解或者和解等"法院附设环境 ADR"方式审结环境案件。这要求法院在诉讼中负有较强的释明能力和义务。因此,区域水事诉讼可分为私益诉讼和公益诉讼。前者针对当前单一的水事民事私益诉讼和水事行政私益诉讼,按照既有规则进行审理,强化司法协助和判决执行;对于涉及民事、行政甚至刑事的公私益混合型水事纠纷或纯粹的区域水事公益纠纷,一律按照环境公益诉讼进行诉讼,这需要创新诉讼机制。

第三,扩展区域水事诉讼主体资格。首先,需要保证公民为水事私益或区域水事公益的诉权。其次,基于我国的特定法律文化背景,以及我国没有公益诉讼传统这一现实,区域水事纠纷主体往往缺乏行使诉权的积极性,更不用说提起有关公益诉讼。因此,赋予相关国家职能机关提起环境公诉的权力是必要的,也是对公民之诉的补充。我国《宪法》和《地方各级人民代表大会和地方各级人民政府组织法》都规定县级以上人大和政府都对本辖区的环境与资源保护负有责任。我国《海洋环境保护法》第 90 条规定的"代索赔"制度,事实上赋予了海洋环境监管机关民事诉讼的原告资格。"但在民事诉讼中,政

---

① 张敏纯:《环境审判专门化的省思:实践困境及其应对》,载《中南民族大学学报(人文社会科学)》2011 年第 1 期。

② 叶俊荣:《环境政策与法律》,中国政法大学出版社 2003 年版,第 224 页。

③ 周林彬、冯曦:《我国环境侵害司法救济制度的完善——一种法经济分析的思路》,载《中山大学报(社会科学版)》2005 年第 3 期。

府或政府部门作为被告的比较罕见"①,考虑到区域环境纠纷中政府主体的地位和未来服务型政府建设的需要,可以考虑赋予政府作为区域政府间水事纠纷的原告与被告资格,区域水事纠纷涉及地方公益事务,司法途径能够维护社会公义,故而"司法最终原则"是解决区域水事纠纷的归一之道。

第四,创新审判组织。如上文所述,因为区域水事诉讼是对公益和私益进行综合衡量、对行政行为和民事权利进行综合审查的司法机制,同时行政边界区域水事纠纷案件具有处理难度大、恶化迅速、技术性强等特点,所以需要专门的环境司法机构审理。这种司法机构的设置,可以是专门的环境法院或水事法院,也可以是法院内设的专门法庭,诸如在最高人民法院巡回法庭专设环境审判庭等。同时,为了贯彻公众参与原则,也为了给案件审理提供中立的科技支撑,行政边界区域水事诉讼应该设立有关专家库,以便在诉讼中随机调请专家辅助司法;此外,还应该改进陪审员制度,广泛吸收本区域的公众代表、环保专家作为法院陪审员参加对案件的审理。

(三)加强区域司法协助

司法协助是指法院为便利其他法院司法业务之目的,依法或基于互惠而在其管辖区域内实施的作为或不作为的协助行为。在行政边界区域水事诉讼中,司法协助不应该仅仅限于不同行政区法院之间的具体司法实务的协助,还应该包括在司法过程中可能涉及的行政尤其是环保行政部门对相邻行政区的司法工作的协助。因为,环保等部门有更强的地方保护性,而其所掌握的水事信息包括监测数据、监测方法等都可能影响到区域水事诉讼进程。在2001年江浙边界水污染案中就出现环保部门不积极协助法院调取有关证据,而积极支持为本土企业作出与法院认可的结论具有本质差异的鉴定结论的情况,使案件的处理极其艰难。②

当然,不同行政区法院之间的司法协助还是最主要的,尤其是各地方高级甚或中级人民法院可能出于因地制宜的考虑发布了一些指导意见或判例,这可能影响统一司法标准,因此,应该在区域内公告有关司法指导意见和判例,并在行政边界区域水事司法中由相邻行政区法院专派有关法官参与有关司法过程以统一具体的司法标准,但不得影响司法审理。区域内各行政区法院之间还可以通过司法协助会议、司法协作论坛等方式加强各行政区司法协助工作。国内也有不少这类实践,如环太湖地区法院定期召开司法协作会议,沪、苏、浙三地高级人民法院组织"长三角地区人民法院司法工作协作交流联席会议",还有长三角地区部分基层法院司法协作院长会议等。但是这些协作散见于有关媒体报道,有关文件和具体材料未能广泛公开,学术研究和实务上对有关经验的借鉴都缺乏基本支持,需要对这些实践做系统的分析以探求规范化和制度化建设路径。

---

① 汪劲、黄嘉珍、严厚福:《对松花江重大水污染事件可能引发跨界污染损害赔偿诉讼的思考》,载《清华法治论衡》2010年第1期。
② 仲夏、童童:《跨界污染遭遇执法"壁垒"》,载《浙江人大》2002年第6期。

湖泊保护立法中公益诉讼权的实现①

程 芳 何 秋*

《湖北省湖泊保护条例》(以下简称《条例》)于 2012 年 10 月 1 日正式实施,该《条例》单列湖泊保护监督和公众参与一章,明确规定公众在湖泊保护、管理和监督上的参与权和公众参与、举报、奖励的制度。但美中不足的是,制度安排上缺乏公益诉讼权的相关规定,这使得公众参与权的功能大打折扣。本文拟在公益诉讼权的立法基础上,结合我国 2012 年修改的《民事诉讼法》中对公益诉讼的规定,对湖泊公益诉讼权行使中的原告问题加以分析。

一、湖泊保护公益诉讼之合法性:环境公益诉讼权

1992 年《里约宣言》中提出,"各国应通过广泛提供资料来便利及鼓励公众的认识和参与,让人人能有效地使用司法和行政程序,包括补偿和补救程序"。此后,有关国际环境保护法律文件和一些国家的国内立法中相继赋予公益诉讼权。

新出台的《湖北省湖泊保护条例》没有明确赋予公众该项权利,但这并不意味着该项权利的存在不具有法律上的依据。我国 1989 年的《环境保护法》第 6 条规定:"一切单位和个人都有保护环境的义务,并有权对污染和破坏环境的单位和个人进行检举和控告"。这一条可以看做是我国相关法律对环境诉讼权最早做出的原则规定。2012 年《民事诉讼法》修改,第 55 条明确规定:"对污染环境、侵害众多消费者合法权益等损害社会公共利益的行为,法律规定的机关和有关组织可以向人民法院提起诉讼。"这是首次在法律层面上明确环境公益诉讼制度。我国 2014 年新修订的《环境保护法》第 58 条规定,对污染环境、破坏生态,损害社会公共利益的行为,符合法律规定条件的社会组织可以向人民法院提起诉讼。这一条可以看做是对环境诉讼权的具体规定。

从最初 1989 年《环境保护法》上的原则性规定,到民事诉讼法确立环境公益诉讼制度,再到新修订的《环境保护法》对环境公益诉讼主体的明确,这表明公益诉讼权是环境

---

① 本文系湖北水事研究中心项目《湖北省湖泊保护条例》法律制度研究的阶段性成果,项目编号 2011C014。

* 程芳,中南财经政法大学博士研究生,湖北省水事研究中心研究员;何秋,中南财经政法大学博士研究生。

保护不可缺少的环节和重要内容,赋予公益诉讼权具有合法性和正当性。

二、湖泊保护公益诉讼权之正当性:国家机关"不作为"之质疑

公众参与权指人类参与各种环境保护的政治活动,包括环境保护之社会运动、政府环境政策的制定与执行、环境公益诉讼的权利。[①]《湖北省湖泊保护条例》中明确规定了公众在湖泊保护问题上的参与权,同时又具体规定了公众湖泊保护参与权的相关制度安排,如公众知情权与监督权、举报权等。公众拥有以上湖泊保护的参与权,但若政府管理部门由于部门利益或经济利益的局限而不作为或不当作为时,公众参与权的实现实则"有路无门"。

从经济学角度看,20世纪70年代发展起来的"俘虏理论"认为:随着时间的推移,监管机构将逐渐被部分被监管者所俘虏,当其越来越迁就一小部分被监管者利益时,就会越来越忽视社会公共利益。该理论正好可以解释我国现行政治经济体制和环境管理制度下,有些地方政府充当本地污染企业利益的代表的情况。地方环境管理机构作为当地政府的下属机构,在环境保护上很多时候都是有心无力。[②]

我国《民事诉讼法》中规定的公益诉讼的原告主体是法律规定的机关和有关组织,毋庸置疑,环保部门作为环境管理的机关具有原告资格。但其既是国家利益的代表者,同时又要维护部门利益,在处理国家公共利益与自身部门利益、当前利益与长远利益之间的利益冲突时,将面临着各方利益协调的矛盾,易出现利益妥协下"行政不作为"的倾向。故不同国家和地区为了约束政府机关的这种不作为行为,纷纷立法规定公益诉讼权。如我国台湾地区在"行政诉讼法"中增订第9条规定各级"政府"疏于执行公务时,人民或公益团体得依"法律"规定以该"主管机关"为被告,向"行政法院"提起环境公益诉讼。美国、法国等国允许在环境污染事件发生时,由民众或环保公益团体对主管机关起诉,以疏于执行其法定义务为由起诉"环保署长"。

从某种意义而言,《条例》所规定的湖泊保护中的公众参与权,主要是一种"公众提出意见—管理部门处理意见"的消极被动方式。[③]《条例》在公众参与权的实现路径上,尚未结合我国新修订的《民事诉讼法》,实行地方立法先行先试的原则,明确赋予公众以环境诉讼权,变被动参与为主动参与,有效监督危害湖泊的行为,因此有待完善。

三、湖泊保护公益诉讼权之适格原告

污染湖泊的行为具有社会性、广泛性、潜在性、不确定性等特征,其侵害往往是间接的、难确定的,受害主体间并不互相联系。若按传统的侵权理论,只有"与本案有直接利

---

① 陈铭聪:《台湾地区环境公益诉讼研究》,载《2012年中日流域治理国际研讨会论文集》。
② 陈学敏:《流域管理对环境司法专门化的挑战与启示》,载《2012年中日流域治理国际研讨会论文集》。
③ 黄贤金、赵凌志等:《加强综合协调,促进湖泊保护——江苏省湖泊管理状况调研报告》,载《改革与开放》2006年第3期。

害关系"的人才可以提起诉讼的话,湖泊公众参与保护的途径必将极大受限。因此,在湖泊公益诉讼举步维艰的情况下,重要的一项就是要拓宽诉讼主体的资格。以下借鉴美国的诉讼规则来分析。

(一)湖泊保护公益诉讼原告适格规则:从"法定权利"标准到"事实损害"

美国早期的公益诉讼原告主体资格经过从"法定权利"标准向"法定利益"标准的转变,按美国《行政程序法》的规定,原告资格的"法定利益"标准,是指法院根据原告受法律保护的利益是否受到侵犯来决定原告资格之有无的标准。根据"法定权利"标准,当事人欲取得原告资格,须证明自己的"法定权利"遭到侵犯,根据"法定利益"标准,当事人须证明自己的"法定利益"遭到侵犯。鉴于环境公益诉讼的复杂性,法定权利人与法定利益人基于科学技术或自身素质因素,举证具有较大的难度,使原告资格的审查沦为根据实体问题而作出的决定,因而这两种原告主体资格的确定标准明显具有不足之处。

"事实损害"标准是在克服以上标准不足下产生的,法院在确定原告资格时,认定所有因被告行为受到实际损害的人,在诉讼中都享有充分的、符合宪法要求的利害关系,都可以取得原告资格。在"事实损害"标准之下,当事人欲取得原告资格,只需证明事实损害即可,无须证明其法定权利或受法律保护的利益遭到了侵犯,并且"事实损害"不限于经济利益的损害,"美学""环保"以及"精神"等价值所遭受的损害也足以构成"事实损害"[①]。这样原告资格的审查就变成了一个纯粹的事实问题,而非规范问题。具体而言,公众作为原告主体,既可是公民或公民群体,也可是民间组织。

(二)湖泊保护公益诉讼原告之一:公民或公民群体

环境权是宪法赋予每位公民享有的一项基本人权。环境保护法也规定,公民有保护环境的义务和对污染环境的检举控告权。但我国《民事诉讼法》中有关起诉资格的限制使很多公民享有的环境权"有名无实"。环境侵害的特殊性使其并不必然表现为与受害者有直接利害关系,现实生活中出现的不断升级的环境危害即使已经引起公民的高度关注,但限于未对其造成直接损害,公民就无法行使诉权、寻求司法救济。对于环境公益损害,公民有自觉维权意识,也有保护公益的司法诉求,制度的不相称大大降低了公众参与环保事业的积极性、自觉性。相关的国家机关或组织间具有部门利益相关性,因此面对某些损害公益行为可能懈怠起诉,但民众的诉讼意识来源于自身生存利益和社会公益,不受部门利益的约束与干扰,公民或公民群体在保障湖泊环境上具有一定合力作用。

美国认可从事环境保护和社会公益事业的法人组织、群众性自治组织、公民可作为环境公益诉讼的原告,而在当前我国法律框架内,还无法实现赋予公民个人环境公益诉讼的主体资格,这无疑会影响公民参与环保的积极性,因此,我国可借鉴美国,拓宽原告主体资格。

---

① See 397 U.S. 150,154(1970).

（三）湖泊保护公益诉讼原告之二：公益团体

美国与德国环境法规中都有公益诉讼的制度，都是以公益为前提，但是德国立法规定，提起诉讼非个人所能为之，必须以"团体"为之；我国台湾地区的环境公益诉讼多仿自于美国环境法规的概念，将提起公益诉讼之主体定位于"受害人民或公益团体"。此处的公益团体资格，第一须是依人民团体法成立之社团法人或以基金会方式成立之财团法人，并须向地方法院完成法人登记；第二须是非营利组织。至于该团体章程所定成立之宗旨或目的，是否必须与环境保护相关，法无明文规定。有学者认为，似乎可以放宽认定，只要是非营利组织均可界定为"公益团体"。

随着环保运动的兴起，作为公益团体之一的环保民间团体对保护生态资源事业的促进作用愈来愈大。与个人相比，环保组织作为环境公益诉讼的主体更加适合。因为环境侵权的特殊性，普通公民个人难以掌握这方面的专业知识，加之金钱、时间、精力等因素的限制，公民作为诉讼主体的地位与被告方的地位严重不对等，这就使得公民个人在环境公诉中经常处于劣势地位，很难捍卫自己的权利。现实生活中有很多这样的情况，个体面对造成湖泊污染的公司法人或者组织，常常不知、不能、不敢提起诉讼。依法成立的以环保为宗旨的环保组织力量雄厚，它拥有专业的人才、较强的技术基础、雄厚的资金和一定的社会影响力，这使它特别适合受害人数众多而又难以确定代表人或者受害人众多但缺乏应有的诉讼能力，环境权属关系不明确的环境侵权案件。美国的公民诉讼制度建立之初并未收到理想的效果，但在 20 世纪 80 年代后环保团体力量的壮大和介入，极大地促进了该制度的发展，这就是极好的证明。结合我国的国情，支持和鼓励环境保护组织的建立和有序运作，既可以监督制约企事业单位和个人的环境保护行为，又可以支持配合政府部门的环境监督管理工作，还在一定程度上矫正了湖泊环境公益诉讼中加害方和受害方势力失衡的状态。基于此，新修订的《环境保护法》第 58 条第 1 款明确规定，"对污染环境、破坏生态，损害社会公共利益的行为，符合下列条件的社会组织可以向人民法院提起诉讼：（一）依法在设区的市级以上人民政府民政部门登记；（二）专门从事环境保护公益活动连续五年以上且无违法记录。"这既是对湖泊保护公益诉讼主体的明确，也极大拓宽了公益组织参与湖泊保护的空间，使得湖泊保护公益诉讼权在立法中得以真正实现。

我国环境类行政复议实效性分析

——以水事行政纠纷解决为例[①]

崔 凯[*]

一、环境类行政复议实效性的困局

在当前依法治国的大背景下,我国行政复议领域出现了一种比较奇特的现象,即一方面,国家机关对环境违法行为的执法力度不断加强,从理论上,行政执法主体和行政相对人接触的频率增加,发生纠纷的可能性也大增。特别是在当前,我国公民的法制意识显著提高,为了维护自己的合法权益,公民非常可能通过行政复议这一便捷、经济和高效的途径来解决环境类行政纠纷。但另一方面,我国环境类行政复议的数量却没有同比率增长。例如,根据课题组的调研,为了保护梁子湖的水环境,仅就鄂州市而言:"近两年来,流域内拒批建设项目近 200 个,从源头上控制了环境污染和生态破坏。市、区两级政府采取果断措施,实施关停并转,取缔流域内污染严重的五小落后企业 300 多家,关停非金属矿山 40 多家,关闭了鄂州独峰化工有限公司,今年内还将全部关停采石厂与粘土砖厂。"[②]但是在我们的调研中,鄂州市涉及梁子湖的水环境行政复议的数量却极少,不少年份甚至没有相关的行政复议出现。

我们认为,虽然行政复议在我国的行政纠纷解决体系中地位并不突出,但是其作用不可替代,而且近年来的发展趋势也表明,我国的行政复议制度整体上在经过种种改良之后,已经能够切实地发挥作用,得到了公众的认可。但是在环境类行政复议领域,很明显出现了实效性缺失的不良现象,我们有必要对这一现象进行特别关注。

---

① 基金项目:湖北省政府法制研究项目:《环境行政复议制度研究——以湖北省为例》(HBZFFZYJ20130016);湖北水事研究中心研究项目:《环境行政复议实效性研究》(2014B008);教育部人文社科研究青年基金项目:《刑事疑难案件处理的社会效果考察——从程序完善的视角》(13YJCZH023)。

* 崔凯,男,湖北行政复议研究院常务副院长,湖北水事研究中心研究人员,法学博士,主要从事诉讼法学研究。

② 参见课题组 2014 年暑期获取的鄂州市政协材料调研材料:《完善机制、依法管理全力打造梁子湖全国生态文明示范区》。

(一)行政复议的良好趋向

早在 20 世纪 80 年代,我国就提出"依法行政"这一基本原则,1990 年,国务院发布了《行政复议条例》,行政复议制度正式建立。其后,我国在 1999 年公布施行了《行政复议法》,2007 年公布施行了《行政复议法实施条例》,可以认为,我国的行政复议法律法规体系已经初步形成,并且运行了较长时间。但作为解决各种行政纠纷的主要手段之一,行政复议远没有发挥出应有的作用。有学者总结:"(行政复议)从数量上看一直处于低位,近年来一直维持在 8 万件/年的水平徘徊;从质量上看经不起诉讼检验,畸高的维持率、在诉讼中有 1/3 左右的复议决定被改变的事实,是导致 70% 的行政相对人摒弃这一'不收费、最高效'制度的重要原因"。①

从上述数据来看,我国行政复议确实遭遇着功能困局。但笔者要指出的是,上文指出的各种问题可能更多地发生在 2007 年之前,随着《行政复议法实施条例》的颁布,更是由于我国对依法行政采取的各种实质性推动举措,促使我国近年来行政复议工作发生了较为显著的变化。

表 1　2009—2013 年各省收到行政复议申请总量统计表②

年份	2009 年	2010 年	2011 年	2012 年	2013 年
件数	75549	90863	101060	105957	122464

从表 1 的数据可以看出,全国范围内,近五年的行政复议案件数量有一个非常明显的增长。这种变化在局部表现地也非常明显,笔者在湖北省法制办和湖北省内的若干市县法制部门的调研数据都显示,行政复议案件的整体上升已经成为一个明显的趋势,甚至可以认为,这一增长的势头至今仍然没有停止。譬如,从课题组调研数据显示,中部湖北省 2008 年行政复议案件申请数为 2570 件,2013 年为 3598 件,这期间每一年的案件数量略有波动,但是整体数量增长非常迅猛。因此,我们认为,在各种综合因素的推动下,最近五年,至少从数量上来看,我国的行政复议已经开始在解决纠纷中发挥了越来越重要的作用,公众对行政复议的认可程度开始逐渐提高。

(二)环境类行政复议的泥淖

环保、国土、农业、水利等各领域都有涉及环境类的复议。课题组在调研时发现,在有关湖泊保护、河道保护、地下水保护等各个领域,行政复议工作当前基本上都面临着非常尴尬的局面。为了印证这一论断,笔者将在下文用数据和案例进行论证。

---

①　王莉:《行政复议功能研究——以走出实效性困局为目标》,社会科学文献出版社 2013 年版,第 2 页。
②　本文中有关行政复议的数据,除专门注释之外,均采集于国务院法制办公室网站中"机关工作"栏目中"法治统计信息"的相关内容。

表 2 2008—2012 年全国环境处罚数量及环境行政复议数量总表①

年份	2008 年	2009 年	2010 年	2011 年	2012 年
行政处罚数量	89820	78788	116820	119333	117308
行政复议数量	528	661	694	838	427

从表 2 可以看出,在数量上,我国环境行政处罚总量在 2008 年至 2010 年有一个飞跃式的发展,2010 年至 2012 年保持了基本稳定。但在 2008 年至 2012 年这五年中,我国的环境复议数量却并没有和环境处罚数量同步增长。

表 3 2013 年全国行政复议申请事项分类情况

事项	行政处罚	行政征收	信息公开	行政确权	行政确认	行政不作为	行政强制措施	行政许可	其他
数量	35111	16892	16546	11416	9859	9831	5752	4706	20424
百分比(%)	26.89	12.94	12.68	8.75	7.55	7.5	4.41	3.61	15.64

一般而言,如同表 3 中的数据,行政处罚是引发行政复议的重要原因,由于环境纠纷的特点,在环境行政复议中,由行政处罚引发的比重较其他行政复议更大。② 但从表 2 的数据来看,我国的环境行政复议案件数量却呈现一种无序的变化状态。不管原因如何,环境行政复议的数量极低是不争的事实,特别是和数量庞大的环境行政处罚相比,环境行政复议的数量已经到了可以忽略不计的程度(2012 年比率为 0.36∶100)。当然,这并不是因为我国的环保机关执法效果十分高效、精确,也并不是因为我国群众对环境行政执法给予更多的宽容。在 2012 年,根据环保部的数据,当年电话/网络投诉数为 892348件,来信总数为 107120 件,来访批次/人数为 53505 批/96145 人。一边是数量高达百万以上的环境信访案件,另一边是数量长期停留在几百件的环境行政复议案件。两相对比,可以轻易得出结论:我国环境行政复议在解决环境纠纷问题上并没有发挥出充分的、应有的作用。至少和整个行政复议存在良好发展势头相比,环境行政复议工作呈现较为滞后的态势,甚至我们可以认为,环境行政复议在解决环境行政纠纷方面的作用在近年是不进反退的。

上述的例证说明了全国范围的情况,为了更好的论证,我们以涉及湖北省水利部门的相关行政复议数据做进一步说明。

---

① 本文中有关环境类执法的数据,除专门注释之外,均采集于环保部网站中"污染物排放总量控制司"栏目中"环境统计"的相关内容。

② 这一论断有基本调研数据支持,在湖北省,省环保厅提供的案例显示,近三年以省厅作为复议机关或者被申请人的复议案件,甚至全部都是由行政处罚引起的。

表 4　湖北省水利类案件行政复议和应诉情况

年份	行政复议案件数	复议后应诉
2010 年	10	1
2011 年	10	0
2012 年	15	1
2013 年	16	1

我们可以清楚地看出，近四年，我省涉及水利类的行政复议数量一直比较稳定，而且由于我省全省的行政复议数量已经上升到 3000 余件，可以认为，我省的水利类行政复议是在很低数量层次上的一种稳定。正如上文所言，这并不是一种正常现象，近几年，我省采用各种措施大力加强对湖泊等水资源的保护力度，管理和治理力度也在不断加强，群众对水事执法也并非没有意见，故而我们可以认为，水环境行政复议同样遭遇到明显的适用困境。

二、环境类行政复议困境的原因分析

随着我国行政复议实践工作的开展，《行政复议法》中确立的行政复议制度的一些缺陷和问题开始逐渐显现，因此此在 2010 年 6 月，我国将《行政复议法》的修订工作正式纳入了国务院立法计划，随后，学者们围绕着行政复议的主体、机关、证据、程序和执行等很多方面提出了全方位的立法修改意见，在学者的研讨中，也对行政复议遭遇到的困境有一定的论述。但就环境行政复议而言，专门的研究并不多见，特别是建立在上述的行政复议整体发展向好，但环境行政复议整体较为落后基础之上的研究成果属于学术空白。因此，笔者将在下文对环境行政复议遭遇困境的原因进行专门分析。[1]

（一）水资源保护等环境行政复议公信力较弱

水危机成为众所周知的常识，水资源的保护也得到了当前举国上下的高度重视，但是不可否认，时至今日，我国的水环境保护仍然面临着"要健康还是要增长更快的 GDP"之类的艰难抉择[2]，更为遗憾的是，某些时候，地方政府对这一问题的实际回应并不会去落实"十八大报告"中所说的"坚持节约优先、保护优先"。环境保护问题在我国得到高度重视的时间并不长，环境法治问题一直是我国依法治国中的较薄弱环节。环保部原副部长张力军坦言，我国环境执法中目前突出的表现为四大"不适应"：立法的规定和环境保护管理的实际需求不适应、执法管理体制与环境执法的职责不适应、工作机制不适应、执法能力不适应。[3] 而众所周知，行政复议是行政机关的自我救济，在这种情况下，环境行政机关的自我纠错能力自然同样要经受大量的质疑。

---

① 此处的论述有很多内容受到了实务部门同志的启发，他们中肯的意见也给了笔者论证的信心，不太担心"理论反对实践"的尴尬情形。

② 吕忠梅等：《环境损害赔偿法的理论与实践》，中国政法大学出版社 2013 年版，第 2 页。

③ 王灿发：《中国环境行政执法手册》，中国人民大学出版社 2009 年版，第 1 页。

在群众的认知和信任度方面,由于各种原因,群众对行政复议的熟悉程度很低,就课题组针对普通民众对环境行政复议认知度的调研问卷来看,仅有不超过10%的普通民众对环境行政复议有足够的了解。课题组针对环境执法工作人员的问卷访谈也支撑了这一论断。当然,由于长期的普法工作和当前较为良好的法治环境,普通民众如果想要了解行政复议这一制度,可以通过咨询律师、阅读相关书籍、查询网络等多种方式达到目的。所以在本课题组的问卷调查人员向公众详细介绍行政复议的具体内容之后,很多群众并不坚决反对通过行政复议的方式解决纠纷。但这并不代表公众在遇到具体行政纠纷时会真正地选择行政复议,理想和现实之间会存在一定的差距,程金华博士进行的问卷调查就发现,在我国各种解决行政纠纷的途径中,"在虚拟纠纷优先解决途径"的百分比中,公众选择行政复议或者诉讼的有41.3%;但是,一旦真正涉案,考虑到熟悉程度、成本等多方面因素,实际上参与过行政纠纷解决的公众中,选择行政复议和诉讼的只有22.6%。① 总而言之,在当前,行政复议也许是维权意识觉醒、掌握一定法律知识的中国老百姓在解决环境行政纠纷时的一种方式,但仍然不是一个主要选择,甚至难以称为是重要选择。

(二)维权与维稳存在协调困难

行政复议是一种救济手段,我国《行政复议法》第4条规定:"行政复议机关履行行政复议职责,应当遵循合法、公正、公开、及时、便民的原则,坚持有错必纠,保障法律、法规的正确实施。"根据这一条,行政机关进行行政复议时,应当坚持"以事实依据,以法律为准绳"的处理原则,事实上,也正是因为要求"有错必纠",许多学者和实务界人士才认为,行政复议的改革方向应当是"准司法化"。但是在实践中,出于各种原因的考虑,行政复议机关并不一定纯粹地依据事实和法律简单地作出复议决定。

表5 2013年全国行政复议案件审理情况

审理结果	总计	驳回	维持	确认违法	撤销	变更	责令履行	调解	终止				其他
									和解协议	自愿撤回	被申请人改变后撤回申请	其他	
数量	106491	8132	59465	1551	5458	217	1596	2501	1350	16589	2506	1241	5885
百分比(%)	100.00	7.64	55.84	1.46	5.13	0.20	1.49	2.35	1.26	15.58	2.35	1.17	5.53

从表5可以看出,进行行政复议程序之后,"确认违法""撤销"和"变更"等审理结果占整个处理结果的比重较低,这一点很容易打击群众通过行政复议来申请救济的积极性。课题组的调研显示,在环境行政复议领域,同样存在着行政机关执法错误时,复议机

---

① 汪庆华、应星编:《中国基层行政争议解决机制的经验研究》,上海三联书店2010年版,第214页。

关更倾向于用"和解协议""自愿撤回"等方式终止行政复议的做法。① 这种做法其实模糊了行政复议的本质,导致行政机关和当事人会有一种错误的认识:既然反正最终都是私下协商解决行政纠纷,为什么要通过非常正式的行政复议去进行解决。正因为如此,不少环境行政执法者自身对环境行政复议都没有引起足够的重视,认为其在解决环境行政纠纷的问题上没有特殊之处。

(三) 与环境信访的关系较为混乱

"大信访、中诉讼、小复议"的尴尬格局已经存在多年,为了保障群众利益,构建司法权威,自 2012 年开始,中央酝酿以涉法涉诉信访为突破口,拟对我国的信访制度进行较大幅度的改革。从目前的改革措施来看,信访作为解决矛盾的一种途径这一根本思路没有发生变化。不少行政法学者期盼"属于法律问题的争议,应通过法律途径来解决;不属于法律问题的争议,则可由信访解决。可以复议或诉讼的,信访就不再处理,信访应引导公众依法维权,更好地促进行政争议的化解"。② 但是从目前来看,行政复议和信访之间的关系在短时间内可能并不容易厘清。每年过百万的环境信访有多少能够转化为行政复议,这一点无法预测。

此外,我们还忽视了群众对信访和复议等救济手段的认识程度。课题组在访谈中发现,信访和复议在实际工作中往往难以区分。有负责信访工作的同志声称:"有些群众急于解决问题,在提交的申请材料中,既有投诉状、申诉状,又有行政复议申请,催促行政机关给出一个明确的答复。对于是通过信访方式还是行政复议的方式解决,既不清楚,也不关心。"在这种环境信访和环境行政复议之间的转换制度没有建立的情况下,一味谈论减少信访的数量,加大复议的力度,可能仅仅是一种奢望。

湖北省水利部门处理的一起典型案件能够说明这一论断。2009 年,某公司通过竞拍的方式取得一地的河道开采经营权,事后,该公司以当时参与开采经营权竞拍的另一家公司所持有的船舶船籍证书、水上水下施工作业许可证等不合法,导致自己报价过高为由悔拍,多次到所在地政府和相关单位进行上访,并于 2010 年 2 月 5 日将省水利厅、市水利局作为被申请人要求进行行政复议,经过协调,申请人于同年 5 月 7 日撤回了申请书。这期间,申请人既提起复议,又没有放弃信访。在 2011 年 8 月就同一事项再次提起复议后,又采取了边复议边信访的方法。这一案件引起了省法制办主任和水利厅厅长的直接重视,影响很大,该申请人并不是不知道行政复议和行政信访的区分,但这不足以让他作出最为符合法律规定的选择。

---

① 行政机关的这种做法有着足够的利益驱动。例如,在讨论为什么我国环境犯罪的立法较多,但是实际中追究很少的问题时,有学者分析认为,执法者和违法者之间形成了一种奇怪的利益共同关系,"我们看到很多案件在追究违法企业重大环境污染事故罪的同时,也伴随着对环保部门渎职犯罪的追究",正因为如此,在环境执法中发现环境犯罪案件时,环保部门经常并不移送,"如果把它移送交到检察机关或者公安机关,是不是伴随着对他自身的环境渎职犯罪的追究? 会不会自身难保?"参见郄建荣:《环境犯罪为何游离于刑事处罚之外》,载《法制日报》2010 年 5 月 27 日。这种利益共同关系在行政复议中也可能同样存在。

② 王比学:《打破"大信访小复议"格局》,载《人民日报》2013 年 12 月 18 日。

(四) 水事执法机关本身执法力度偏弱

大多数时候,出现行政复议的前提是执法机关执法不严,执法不明,群众无法信服,产生不满。但由于各种原因,不少时候我国乃至于湖北省的水环境执法刚性有限,课题组在调研时有执法部门的同志反馈,大多数时候,对环境违法行为并不是以积极处罚为主要手段,即便是处罚也会考虑经济因素、社会因素等各种外来影响,从宽处罚的情况比较常见,重在批评教育。既然执法机关都已经有"放一马"的态度,行政相对人自然会"识趣"地不提起异议。故而,我们能够搜集到的水环境行政复议的典型案例主要为行政许可等案件,如 2011 年襄阳群胜发达砂石经销有限公司申请复议省水利厅采砂许可不作为案,但较少对行政处罚、行政强制行为提起复议。这也是水环境行政复议案件数量偏少的一个原因。

三、环境类行政复议未来发展的注意事项

以行政复议司法化的讨论为标志,我国对行政复议体制和机制进行的学理改造已经有十余年之久,各界提出的改革意见不胜枚举,学者建议稿也已经形成了多部。[①] 受限于文章篇幅,笔者无意在本文中对环境行政复议的改革思路进行全面的描绘,仅从提高环境行政复议实际效用的角度,对该制度的改革重点注意事项进行重点阐述。

(一) 破除"准司法化"万能论的观点

行政复议是行政机关的自我纠错,在行政相对人角度,这种体制存在着天然信任局限,从世界范围来看,"虽然行使行政机关复议权的机关有各种各样的形式,但是无论如何,行政复议都是行政系统内由行政机关进行的权利救济。因此,和行政诉讼相比,独立性难以确保。特别是在复议结构属于基本模式二和中间模式的国家和地区,更是如此"。[②]

在我国,将行政复议制度进行"准司法化"是一个较好的改革方向,可以在一定程度上增加群众对行政复议的信任度,但我们也应当清晰地认识到,仅仅依靠或者主要依靠"准司法化"来解决行政复议功能缺陷并不现实。姑且不论在整个行政执法环境没有大的变动的情况下,通过设立较为独立的行政复议委员会等复议组织能在多大程度上保证中立性,从直观的对比来看,在各方面因素的影响下,我国当前真正的司法机关——法院

---

① 行政复议司法化的早期讨论集中见于周汉华主编:《行政复议司法化:理论、实践与改革》,北京大学 2005 年版。学者建议稿等内容参见应松年:《行政诉讼法与行政复议法的修改与完善》,中国政法大学出版社 2013 年版;张胜利:《完善行政复议法基本问题研究》,中国政法大学出版社 2011 年版等。

② 该学者所称的模式二中,复议机关和被申请人之间具有紧密的关联,申请人和被申请人难以称为力量均衡对抗的两级。中间模式中,复议机关和被申请人有一定程度的联系,他们之间的关系不仅是个案而言的审查者和被审查者的关系,还嵌套着组织法上的关系,因此复议机关同样不可能完全中立;此外,申请人和被申请人的地位对等,能够维持对抗关系。参见王莉:《行政复议功能研究——以走出实效性困局为目标》,社会科学文献出版社 2013 年版,第 115 页。

和检察院都存在非常显著的信任危机，当前正在如火如荼开展的司法体制改革就是很好的注解。纯正的"司法化"在公众中的形象尚且如此，在这种大背景下，寄希望于"准司法化"来解决行政复议遭遇的种种难题自然并不合理。要解决这些问题，和司法机关提高司法公信力必然要采取多种举措一样，要通过多种手段构建综合性的措施体系，增加复议过程透明度、提升决定书说理性等都是有益的尝试。

（二）化解专业化问题沟通难题

在行政复议中，作为被申请人的行政机关会再次解释自己作出行政行为的原因，同时，行政复议机关在作出复议决定时，也应当阐述详细的决定理由。这样可以较大程度地提高行政复议决定的可接受性。不过长期以来，我国行政复议决定的说理性问题并没有得到实务部门的足够重视。并且在环境行政纠纷中，由于事实问题中往往掺杂了大量的技术性因素，一般公众难以理解此类专业知识，因此，与其他行政复议相比，环境行政复议面临着群众对专业性问题理解的难题。

例如，课题组收集的申请人颜某等 13 人对被申请人作出《关于某地 110 KV 某变电站扩建工程环境影响报告表的批复》的具体行政行为不服一案中，申请人认为，某安全环保科技有限公司对涉案变电站电磁环境影响采用类比预测分析的方法不科学，其通过参照武汉市 110 KV 某变电站的类比推理得出无电磁污染的行为违法。虽然作出行政行为的环保机关和行政复议机关都强调，根据国家现行技术规范，对涉案变电站扩建工程环评报告表采用类比方法正确。专家参照的变电站的工程规模、电压等级与所处环境和案件中某地 110 KV 某变电站类似，类比采用的监测报告具有法律效力。但是在普通民众而言，即便是多次解释，也并不一定理解这种专业性很强的说明性语言。

中立的鉴定意见是平息公众质疑的良好方法，但我国在这一方面的工作目前非常薄弱。环境污染损害鉴定工作是环境类诸多鉴定中得到较多重视的部分。2011 年 5 月 25 日，环保部公开发布了《关于开展环境污染损害鉴定评估工作的若干意见》（环发〔2011〕60 号），根据这一文件的计划，"2011—2012 年为探索试点阶段，重点开展案例研究和试点工作，在国家和试点地区初步形成环境污染损害鉴定评估工作能力；2013—2015 年为重点突破阶段，以制定重点领域管理与技术规范以及组建队伍为主，强化国家和试点地区环境污染损害鉴定评估队伍的能力建设；2016—2020 年为全面推进阶段，完善相关评估技术与管理规范，推进相关立法进程，基本形成覆盖全国的环境污染损害鉴定评估工作能力"。损害鉴定工作的进度尚且如此，因此可以认为，我国的环境类鉴定的标准、制度等建设整体上还处于起步阶段，至少在短时间内，难以大规模地通过可靠的鉴定意见去提升公众对行政复议工作的信任度。但这是一种行之有效的方法，是行政复议制度完善中的必由之路，我们应当在专业性问题和群众认知之间的链接方面进行更多、更加有效的努力。

（三）妥善处理与环境信访的关系

环境复议和环境信访之间的关系值得专门重视。[①] 行政复议制度是一种内部监督机制，是一种上级行政机关对下级行政机关违法的或不当的具体行政行为进行纠错的机制。而信访则是群众采用书信、电话、走访等形式，向有关部门反映情况，提出意见、建议和要求，进行投诉等活动。这其中不乏信访人认为自己或他人的合法权益，或者社会公共利益受到了不法侵害，要求有关部门予以处理或纠正。因此，行政复议案件的受理范围与信访案件有很大一部分是交叉的。

由于群众法制观念还不够，对行政复议这个解决行政争议的法定渠道不了解，当他们遇到问题时，经常不知道该向谁提出和怎么提出诉求，因而走入"凡事找政府，遇事就信访"的误区。绝大多数的行政争议未经过滤、直接进入信访渠道。许多本应由复议、诉讼等法定途径解决的纠纷进入信访程序，一方面很可能造成问题在相关部门得不到妥善处理或者是久拖不决；另一方面又延误了法定申请救济时效，给当事人带来不必要的损失。矛盾得不到解决就可能导致非理性上访。因此，将信访事项中的行政争议通过法定渠道分离出来，既能将行政争议依法化解在基层、化解在初发阶段、化解在行政系统内部，又可抑制信访总量。但一直以来，我国讨论环境行政复议和环境诉讼之间关系的成果较多，研究环境复议与环境信访之间衔接关系的成果较少。我们不太可能在不考虑信访问题的情况下寻找到行政复议问题的完美解决路径。我们认为，基层环境执法部门应当做好宣传，提高公众对行政复议的认识度，尽最大可能让行政复议成为环境信访的有效分流途径。加大对行政复议制度的介绍力度是一项基础性工作，也会是一项很有效的工作。

---

① 针对这一问题，武汉大学诉讼法专业硕士研究生白春晖同学既有理论储备，也有实务经验，提出的看法很有见地，本部分论证吸纳了她的部分观点。

他山之石

水资源治理经验借鉴

　　湖泊宛若嵌在大地上的美丽明珠，上接天雨，下纳百川。她像一位博爱的慈母，哺育一方子民，为人们提供生存、生活和生产的各种主要资源。然而，随着人口增长、城市化进程加剧及工农业生产的大力发展，湖泊开始"生病"，出现了水体萎缩、生态功能下降、富营养化严重等现象，严重威胁着湖泊的生态环境。湖泊治理是全球性的水环境难题，世界各国都曾出现或正在面临种种顽疾，如何借鉴国外的研究治理经验为中国的湖泊把脉，成为当前我国湖泊管理者们关注的焦点与学者们研究的重点。

综合水管理理念下的德国湖泊治理及对我国的借鉴

沈百鑫*

近几十年来,因急剧增加的水体使用和大量水危害物质的排放以及不能相应及时跟进的水体管理,我国水体的自然生态功能严重受损,并威胁社会经济发展,甚至影响到社会稳定。尤其是湖泊,水质恶化多次引起蓝藻暴发,已经造成以湖泊为饮用水水源地的周边城市的供水危机,因此各级政府都十分重视对主要湖泊的管理。在近几年,各级政府针对湖泊的单独立法日益兴盛。虽然各国水情不同,具体水管理体制也不一样,但同样经历过水体污染并一直重视水体治理的德国及欧盟水治理,其相关理念与制度设计也能为我国湖泊管理提供一定借鉴意义。

一、德国湖泊治理的认识基础

首先,在《水框架指令》(Water Framework Directive,2000/60/EC)中,地表水体可分为湖泊、河流、过渡性水体和沿海水体、人造地表水体和发生重大改变的地表水体,湖泊是指静止的内陆地表水体。《水框架指令》对湖泊的规定主要是在附件 II 中通过表格1.2.2 对湖泊进行了类别化规定,为实施指令制定的共同实施战略指导文件的第5、10、13 号文件中也涉及湖泊。但其实质都是为了能确立统一的环境目标达标等级而进行的技术性规定,保护水体的生态状况是水治理的重点,水体的化学特征只是湖泊特征的其中一方面,湖泊地形地貌与水文情况的不同导致湖泊水体特征差别就很大。确定湖泊水体特征,首先是要确定湖泊类型。在具体实施的技术层面上,为减少面源性营养物质污染,对湖泊需要采取必要的其他措施,如深水域的通气措施、沉淀物质的处置以及施加钙质,但这些措施都以减少集水区营养物质输入为前提条件。事实上,基于对湖泊水体不断进步的科学认识,湖泊治理越来越强调系统性的综合管理(见图1)。德国早在1957 年就制订了对地表水和地下水的统一立法《水平衡管理法》(Wasserhaushaltsgesetz),并在约十年后将沿海水体也补充进去,而在2011 年甚至将主权海域水体也纳入到水法的规范中。在欧盟层面上这个进程发展过程也很明显,在20 世纪末的最后十年,欧盟通过

---

* 沈百鑫,德国亥姆赫兹研究联合会环境法研究中心博士。

《水框架指令》将原来零散的水相关指令进行了整合。在德国,《水平衡管理法》中甚至没有出现湖泊这个概念。因此,在这两部法律的法规主文中都没有专门对湖泊作特殊性规定,因此也都没有专门针对湖泊的单独立法。

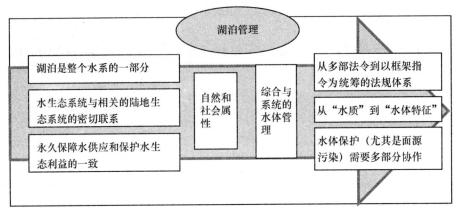

图1 湖泊水体综合治理

其次,法律概念集中体现了科学认知的进步水平。德国《水平衡管理法》明确规定适用于地表水体、地下水和沿海水体及主权海域。而地表水体一般是指河流、湖泊和溪流,欧盟《水框架指令》和德国《水平衡管理法》都定义了"水质""水身特征"和"水体特征"。其中水质是指地表水体或沿海水体以及地下水中的水之物理、化学和生物的特征;水身特征是指与水身相关的,生态、化学及水量相关的特征,对人工水体和被列入为显著改变的水体,以生态趋势替代生态状况;而水体特征是涵盖最广的,需要考虑水质、水量、水体生态和水体形态学相关的特征。基于这些概念的不同,也就决定了管理对象范围也不同,水质概念最狭窄,只局限于水这种物质;水身特征指整个水流,包括其中的生物;水体特征涵盖最广,除水流外还包括河床、河岸等水体形态(水体结构)因素。因此,"水质"与"水体质量"是两个概念,现代水管理已超越水质概念,发展到以水体质量,即以综合系统的水生态为核心。[①]

最后,随着欧盟《水框架指令》的实施,水治理理念发生了很大转变,平衡经济、社会和环境三方面利益的可持续发展理念在水治理上日益深入。首先是基于对水体意义的认识,水体不仅供应人类饮用水和能源,作为工农业生产的重要经营资料,河流、湖泊和海洋一直也是动植物的生存空间和生态平衡的组成部分。因为只有同样保护好作为动植物生存空间和生态平衡组成部分的水体,人类永久水体使用利益才能得到保障。因此,从水治理的着重点来说,保护作为生态平衡组成部分的水体和保障公共饮用水和提高污水处理技术是德国水体保护政策的核心。同样在欧盟水管理政策上,生态导向的综合水体治理替代了原来以水使用导向型的区域和部门利益分割的水管理。同时,在整个法律框架上,通过欧盟《水框架指令》将原来众多分散的水相关的法律进行了系统疏理。

---

① 沈百鑫:《水资源、水环境和水体——建立统一的水法核心概念体系》,载曾晓东、周珂主编:《中国环境法治》(2012年卷下),法律出版社2013年版,第99—123页。

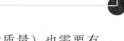

同样在湖泊治理上,要求不仅是尽可能地减少化学物质污染(水的化学质量),也需要有一种"良好的生态状况"和"良好的水量状况",由此实现作为动植物生存空间的湖泊,即在环境保护和自然保护的意义上提供更好的保护,例如,需要 70％以上湖岸是自然的湖岸结构的湖泊才算达到良好状况。

二、德国水法中的传统管制机制

水体治理上最重要的问题是社会发展打破了传统的水平衡,这就需要在水管理上一方面促使水体使用尽量保持在原先的时空平衡范围内,另一方面也需要为日益紧张的水体使用创造更大的自然水空间与能力。

德国对水体的监管和保护制度主要体现为两方面:国家对水体使用的许可审批制度与大量行政规划措施,和依技术标准进行的废水处理要求。[①] 在水法上,使用水体必须经水行政机关审批。且申请人在审批中的权利非常有限,不是满足条件就一定予以批准,审批机关根据水体状况和水体管理目标有权决定是否批准,有相当大的自由裁量权。在批准许可使用时就明确规定了保护要求,而且水体使用许可并不允许对水体造成明显不利影响。而且在准许后行政机关仍然可以作出事后更严格的要求。

废水排放是水体使用许可中最主要的一种,通过严格的污水排放管理来减轻水体污染是德国一直以来水体治理的主要手段。废水只有当其数量和有害性符合先进技术标准,影响十分轻微,才允许向水体直接排放。法律还授权联邦政府,依技术标准制定废水直接排放和间接排放行政条例,其于 1997 年颁布并于 2004 年修订了《废水条例》,以附件的形式已经对 57 个不同经济领域确定了排放标准。依领域确定水质标准和相应的直接排放标准,是促使德国大部分区域水体的化学质量恢复良好状态的一个重要基础。在基础设施方面,建立了 8000 多个公共污水处理厂。同时,又严格控制工业废水排放,一方面规定了严格的行政审批与许可制度,另一方面在审批时要求相应设施与程序适用最先进的技术来避免水污染。在治理水体的总磷浓度方面,主要是通过在污水处理设施上安装去磷设施和要求在清洁用品中使用贫磷物质,水体的总磷浓度较快得到控制。对明显改变的水体,要求实现"良好的生态潜能",但无论如何不能导致与现状相比的明显恶化(禁止变坏原则)。因此到 2009 年为止,在德国尽管 88％的地表水体化学水质已经达到良好标准,但在水体结构上,根据从未受改变到完全改变共分为七级,其中未受改变和轻微改变的一、二级水体只有 10％,而第五级到第七级水体占所有水体的 60％,因此这是德国实现欧盟《水框架指令》目标的最大挑战。[②]

另外,管制必须以致力于实现一种良好的水体状况为目标,即国家对废水排放的管制和要求实现的自然水体质量状况形成相互补充。《水框架指令》部分借鉴了德国的理

① 沈百鑫、〔德〕沃尔夫冈·科克:《德国水管理和水体保护制度概览》(上/下),载《水利发展研究》2012 年第 8 期、第 10 期。

② BMU（Hrsg.）,Die Wasserrahmenrichtlinie—Auf dem Weg zu guten Gewässern—Ergebnisse der Bewirtschaftungsplanung 2009 in Deutschland,Ratenberg,2010.

念,即采用这种"组合方法"——质量导向型的流域管理和污染排放导向型的点源管制相互补充(《水框架指令》第10条)。德国也把来自欧盟的以环境目标为导向的水体质量监管视为机遇,在原有机制和成绩基础上进一步提高水体质量。同时,行政管理决定也要根据按流域制订的管制规划和措施计划。通过规划和计划,在整个政策层面上为单个行政许可决定作了预备和限定。另外,国家负责水资源管制,但也将部分任务委托给非政府机构,德国多个水业协会做了大量工作,尤其是在行业自律和行业技术标准的完善上具有不同替代的作用。

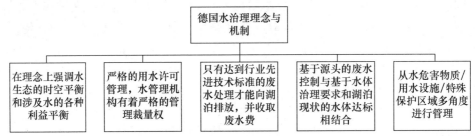

图 2　德国水治理理念与机制

仅凭《水平衡管理法》肯定是不能发挥作用的,法律也像生态系统一样,只有像网络一样紧密联系与协调的法律系统才能真正实现立法目标。因此,除了《水平衡管理法》外,德国与水体管理密切相关的法律还有许多。首先作为《水平衡管理法》的执行条例有《废水排放条例》《地下水条例》《涉及处理水危害物质的设施条例》以及《饮用水条例》。相邻法规还有《废水排放收费法》,规定对废水排放必须基本按照排放量和废水的特殊危害性收取费用,所获资金按规定应当用于水体保护。另外在水体保护法和危险物质法之间还有《洗涤用品法》和《磷含量条例》。另外与水体保护相关的法律还有《联邦河道法》《内河湖泊航运法》《循环经济和固体废物法》《联邦自然保护法》《联邦土地法》《联邦污染防治法》《区域规划法》《建筑法》《化学品法》以及《刑法典》中的环境刑法规定。① 在德国联邦与州在水管理事务的权限上,经 2006 年的联邦制改革,联邦在水管理事务上也拥有完整的立法权限,属于竞争性立法权限的范围,除了与设施及物质相关的规范外,州可以作出与联邦法不同的法律规定。这也从另一面说明,与设施和物质相关的规范是水治理的核心,是保障德国作为欧盟成员国实现《水框架指令》的最主要支撑。②

三、欧盟《水框架指令》在理念与机制上的创新

《水框架指令》加强了水管理法治基础的系统性。其颁布前,欧共体对水保护领域相关的指令是由"部分是不一致的甚至在一定程度上相冲突的多个法规"组成的。③ 由此

---

①　Michael Kloepfer,Umweltschutzrecht,2. Aufl,Beck,2011,S. 14.

②　Rüdiger Breuer,Öffentliches und privates Wasserrecht,3. Aufl. ,C. H. Beck,2004.

③　BMU (Hrsg.), Die Wasserrahmenrichtlinie-Neues Fundament für den Gewässerschutz in Europa, Bonifatius, 2004, S. 9.

《水框架指令》正如其名称中所揭示的，为欧盟内的水管理提供了基础性的框架结构，对已有的指令进行清理与编排，为整个水体保护提供综合而体系性的基础。在实施重点上，要求各成员国集体按时统一地转化和贯彻本指令。《水框架指令》的重点在于改善支撑动植物群体均衡发展的水生环境，健康的生态系统意味着长期保障优质的自然水供应。而如何改善自然水生态，其着手点又在于对水体使用进行良好的规划，从而保证社会经济需求与环境需求之间的平衡。[①]

《水框架指令》通过明确的立法目的指引和协调具体规定。《水框架指令》第 1 条规定立法目的分为五个方面：防止退化、防治和改善水生生态系统及与其直接相关的陆地和湿地生态系统状况，促进可持续的水使用，减少有害物质造成的污染，逐步减少地下水污染，减少洪水与旱灾的影响。正是在这种统一而单纯的水体保洁的立法目的下[②]，《水框架指令》达到新的高度。《水框架指令》第 1 条的立法目的，不仅对整个指令有着指导性意义，而且在统一水管理的单纯目的基础上也有助于各国落实与执行《水框架指令》。因此在明确的立法目的指导下，欧盟《水框架指令》对成员国水法有着革命性意义，使其从传统的资源型水管理转变为一种环境保护意义下侧重生态的水体管理。[③]

湖泊治理同样要求按流域管理。湖泊与其他水体一样，不限于行政区域，因此流域管理理念同样适用于湖泊的治理。一方面湖泊从属于流域，指令中明确定义的流域，是指一个所有地表径流通过小溪、河流或湖泊经单一河口、江口或三角洲流入大海的区域；另一方面，湖泊也要以湖泊的汇水区域作为治理对象来进行治理。这方面要求在湖泊治理上重视面源污染的防治。所以依据《水框架指令》，确定水体和所属的流域单元是首要目标。流域统一管理不仅是指河流水体，还同样包括湖泊、过渡带水体、沿海水体以及地下水。应当认识到流域管理是对行政区域管理的补充。

欧盟《水框架指令》对成员国产生了重大影响。德国水法在欧盟水法的影响下，总体趋势是：私法性的水法向公法性的水法转变，或更具体来说，从水体和水相关设施的私有特权向一种公法上的目标规定转变；从法律体系和法治国家的要求方面来考虑，对水体使用的审查批准有着特殊性，采取最为严格的预防性行政裁量权；水资源管理和水体保护在形式上组成有层级的法规体系，从《水框架指令》到联邦和各州的水法，其中重要规定之落实都需要由更为具体的执行规定来补充，在欧盟、联邦和各州层面上都有相应的可操作性规范。

四、德国湖泊治理中的协调机制

因为行政区域管理还是社会主要管理手段，而要实施流域管理，最主要的手段是协

[①] 〔英〕马丁·格里菲斯编著：《欧盟水框架指令手册》，水利部国际经济技术合作交流中心组织翻译，中国水利水电出版社 2008 年版，第 3 页。
[②] Czychowski/Reinhardt, Wasserhaushaltsgesetz, 10. Aufl., C. H. Beck, 2010, S. 81.
[③] Micheal Reinhardt, Das neue Wasserrecht zwischen Umweltrecht und Wirtschaftsrecht, in M. Reinhardt (Hrsg.): Wasserrecht im Umbruch, Schmidt (Erich), 2007, S. 9 ff.

调与合作机制。德国在联邦层面没有专门针对湖泊的单独管理机构,因此对地表水体的管理机构同样适用于湖泊治理。在水体管理上,基于现有的行政地区和专业管理分工,从不同政府层次、流域跨行政区域和更大时间框架及跨专业分工等方面的协调是非常关键的(见图3)。

德国联邦和各州积极建立起协调性的委员会或共同体。联邦/州水工作共同体(LA-WA),是跨州协调水管理行动各方的重要委员会,也是联邦与州在水管理事务上的执行协调机构,联邦机构也通过参与其中来具体执行水法规定。如果联邦政府认为,某个州没有依规定执行联邦法律且这些不足很难通过州自身予以解决,由此可向联邦参议院(在联邦立法中各州的代表)提交申请以确认州违反联邦法律。

在国内流域层面上,德国各州协调成立境内流域共同体机构,比如莱茵流域共同体(die FGG Rhein),威斯流域共同体(die FGG Weser)以及易北河流域共同体(die FGG Elbe)。在国际法层面上的国际流域委员会,德国是保护莱茵河国际委员会、摩泽尔河和萨尔河污染防治国际委员会以及易北河保护国际委员会、多瑙河保护国际委员会等多条流经德国的国际河流保护委员会成员。有的还设有具有决策权限的机构,如易北河流域共同体还设立易北河部长会议,决议只有在全部同意下通过。但这类委员会和共同体仅对纵向的水管理专业委员和专业行政人员有影响,很难对其他横向性部门,如农业部门产生影响。在此程度上,流域共同体主要还是致力于制定和协调需要在州层面制定的涉及流域整体的措施,并把已经确定的决议落实到州部门内部的执行中。

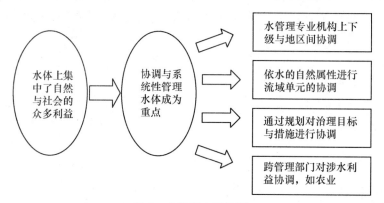

图3 水治理中的协调

除机构性协调外,还通过规划和计划制度来协调。规划已经成为德国及欧洲环境保护中的核心机制,但如何协调多种规划之间的关系就成了一个关键问题,各种规划代表着多种利益。对跨部门的协调方面,联邦法律只规定:措施计划必须注意到综合规划的目标,即措施不允许违背区域规划所确定的目标,由此充分保障区域整体秩序的利益。一般来说涉及范围更大、领域更广的,效力相对较高,也会有利于水体保护,整体上区域规划中的土地使用是有利于水体保护的。而在农业领域,区域规划对水体保护考量非常有限。

五、对我国湖泊治理的几点借鉴意义

考察德国和欧盟湖泊水体治理，对我国湖泊治理有如下方面的借鉴：

1. 科学先进的管理理念和治理制度相互促进

欧盟《水框架指令》和德国水法是建立在不断进步的对水的科学知识基础上的，但政策和法规又反过来促进了水科学的发展，尤其是在超越对水量和水质的统一管理后重视水体的生态质量。我国最严格水管理需要在制度层面和科技层面推进，反过来又支撑最严格水管理政策的实现。

2. 法治是实现湖泊可持续发展的重要保障

不论是在经济、社会和环境这三个方面利益的协调上，还是人类当前利益与长远利益的平衡上，法治比政策更能提供水治理的持久与稳定。同样要求通过法律来平衡各种用水权益，规范水管理行政职权，明确各级政府和各部门间的职责。

3. 湖泊治理应当坚持综合治理理念

作为生态平衡的关键组成部分的水体，需要用综合治理的理念，要求贯彻在空间上以流域管理补充行政区域管理，在时间上用规划制度引导具体行政审批制度，在管理职权上注重水管理部门与其他职权部门的协调合作。

4. 多种治理机制相互补充协调

这包括以优良环境目标为导向的严格环境排放标准为基础的审批制度，符合市场经济规律的水相关价格税费制度以及以信息透明和公众参与为核心的现代治理手段。

5. 多角度实施湖泊综合治理

除了对废水排放行为和设施进行管制外，还要从饮用水水源保护区及对水危害物质的源头管理上进行治理。另外还应从生态环保型农业的支持促进上对湖泊集水区的面源污染进行治理。

水污染侵权责任的归责原则比较研究

赵 耀 黄德林[*]

一、水污染侵权责任的归责原则概述

(一) 水污染侵权责任

水污染侵权责任是指水污染侵权行为对他人财产、人身权利或环境权益造成损害时所应承担的一种法律后果。环境侵权在侵权法里是一个新问题,它是现代社会经济与科技发展的伴随物,一方面具有传统侵权理论的精髓,另一方面基于水污染侵权的特殊性对传统侵权也有所突破。

水污染侵权责任的内容不但包括侵害排除、财产损害赔偿等基本的方式,还包括环境权益的损害赔偿、恢复原状等新型内容。水污染侵权民事责任虽然在我国尚不完善,但事实上它可以具有很强的法律功能。

第一,救济功能。这是水污染侵权最基本的功能,通过损害赔偿的形式弥补受害人在人身、财产及环境权益方面遭受的损害。2014 年新修订的《环境保护法》明确了环境保护保护优先、预防为主、综合治理、公众参与、损害担责的原则,该法第 64 条规定:"因污染环境和破坏生态造成损害的,应当依照《中华人民共和国侵权责任法》的有关规定承担侵权责任。"

第二,修复功能。水污染侵权民事责任的修复功能表现为加害人需要对污染进行治理使水资源得以恢复。对受损环境的恢复可以由加害人,也可以由受害人实施,但相关的费用须由加害人承担。

第三,预防功能。水污染侵权民事责任的预防功能是指通过使加害人承担停止对他人人身、财产、环境权益的侵害的责任,进而削弱其再次侵权的可能性。对此新修订的《环境保护法》在"防止污染和其他公害"一章中规定相关的企事业单位及个人应当按照国家有关规定在生产经营过程中采取措施,对其产生的废弃物进行科学处置,防治污染

* 赵耀,中国地质大学(武汉)公共管理学院硕士生;黄德林,中国地质大学(武汉)公共管理学院教授,博士生导师。

环境,并在"法律责任"一章中对违反上述情形应承担的相应的法律责任做了进一步的规定。

第四,惩罚功能。通常惩罚功能是通过刑事责任和行政职能实现的,而民事责任一般以填补损害为核心。然而随着社会经济生活的变化,包括水污染侵权在内的环境侵权越来越呈现出不对等性,加害人往往是经济和技术实力强大的企业,此时有限的填补性赔偿相对于他们获得的利益几乎微不足道,很难起到教育和威慑作用。而英美法广泛采用的惩罚性赔偿制度很好地发挥了民事责任的惩罚功能,有利于抑制同类侵权行为的再度发生。

(二) 水污染侵权责任的归责原则

侵权归责是指据以确认侵权民事责任由行为人承担的根据或最终的决定性因素。水污染侵权民事责任的归责原则对于此类侵权民事责任是一个基础性要素。为了与社会经济生活相适应,应对日益严重的环境污染,有必要对归责原则进行新的探索,环境侵权的归责原则经历了从过错责任向无过错责任过渡的过程。

归责原则实际上就是追究责任的标准或尺度,其目的在于对加害者的惩罚和对受害者损失的填补,以维护当事人的实质权利,保护弱势主体一方的正当权益,体现法的公平性。就归责原则的本身而言,正如恩格斯所说,"原则只有在适合于自然界和历史的情况下才是正确的"。[1] 这就要求原则不断地根据变化的现实情况而作出相应的调整和完善。

在侵权行为法的发展历史上,曾经长期实行加害责任原则,即一个人只要被确认为是造成损害发生的人,加害事实本身即足以构成使他承担责任的充足理由。然而到了公元前287年,罗马平民会议通过的《阿奎利亚法》抛弃了陈旧的加害责任原则,实行以过失为责任要件的损害赔偿制度。[2] 后来,经过长期的理论及实践发展,逐渐形成了一套系统的、成熟的以过失为基础的侵权责任归责原则,即加害人对其有过错并造成损害的行为承担民事责任,"无过错即无责任"。在起于19世纪的民法近代化过程中,过失责任在法国、德国、英国、日本乃至整个资本主义世界占据了主导地位。

但是由于现代社会水污染问题的日趋严重,除少数事故性污染外,绝大多数污染损害并非出于污染者的故意或者过失,且危害范围相当广泛,在这种情况下,最重要的是保护环境和受害者的合法权益,而不是考虑污染者主观上有无故意或者过失。此外,污染企业的经营和获利,在一定程度上是建立在污染环境和给他人造成损害的基础上的。因此,不论加害者有无过错,由加害企业的收益中赔偿受害人的损失才符合公平原则。由此,在环境民事责任中,用无过错责任制取代过错责任制,已成为很多国家环境立法中的通用原则。

---

[1]　参见《马克思恩格斯全集》(第二十卷),人民出版社1973年版,第38页。
[2]　裴媛媛:《水污染侵权民事责任归责原则比较研究》,载《2005年中国环境资源法学研讨会论文集》。

二、中外水污染侵权责任的归责原则的适用与比较

现代各国绝大多数都将无过错责任原则适用于水污染侵权案件中,但不同国家适用无过错责任原则的方式却大相径庭,从比较法理论角度思考,通过观察不同国家对无过错责任原则的适用归责,对于完善我国水污染侵权民事责任制度有极其重要的意义。

(一) 归责原则的适用

1. 英美水污染侵权责任的归责原则

英美等普通法系国家坚持对侵权行为进行分类审理的制度,因而,有人将普通法系的侵权法比作"一套放文件的夹子,每一个夹子有一个名称。法院必须先把被告的作为或不作为归入合适的文件夹子,然后进行审理并配给救济"。[①] 而此处所谓的"文件夹子",实际上是指诉因或案由,主要包括妨害、侵犯、过失、异常危险活动、先占原则和河岸所有权原则等,每类侵权行为都有独立的要件和诉讼程序。在污染环境致人损害的情况下,受害者或以侵犯、过失为诉因,或以妨害、异常危险活动为诉因,或以河岸所有权为诉因,由此导致其责任形式就有故意责任、过失责任和无过失责任三种。但是,在现代环境危机的压力下,这些侵权法中与环境问题相关的几个主要诉因都有不同程度的发展,尤其是异常危险活动的严格责任,标志着英美侵权法的重大发展。

因从事异常危险活动致人损害,致害人应对其活动的后果承担"严格责任",而不考虑被告方有无过失。因为被告方从事危险活动是为自己谋利,理应承担对他人造成损害的赔偿责任。最早确立异常危险活动的严格责任的案例是"赖兰兹诉弗莱彻案"。该案中,被告在无任何过失的情况下,因对其土地的非自然使用而对原告的损失承担严格的赔偿责任,除非他能证明损失是由原告的过错造成的或是不可抗力的结果。由此英美法系国家通过异常危险活动的严格责任的判例确立了无过失责任原则作为环境侵权的归责原则。[②]

赖兰兹案确立的异常危险活动的严格责任原则在美国也得到广泛的承认和适用。20 世纪 70 年代以来,美国法院将严格责任广泛运用于环境法规所列举的有毒或危险物质污染的场合和其他污染风险大的活动所致污染损害的案件中;并将严格责任原则成文化,使其在法律规定的相应范围内获得普遍适用的效力。即使少数未承认严格责任原则的州,也通过适用妨害法或侵犯法达到了类似于适用严格责任的效果。美国有关于水污染方面的立法主要有《安全饮用水法》《清洁水法》等,其中在《清洁水法》中明确规定了严格责任原则。严格责任与大陆法系的无过失责任几无二致,在严格责任的情形下,被告不能以已尽到合理的注意义务作为抗辩事由。

---

① *Encyclopaedia Britannica*(15th ed.), Vol. 18, p. 523,转引自上海社会科学院法学所编译:《国外法学知识译丛·民法》,知识出版社 1981 年版,第 244 页。

② 付蕾:《中美环境侵权制度之比较研究》,载《科技广场》2011 年第 10 期。

2. 德国水污染侵权责任的归责原则

在德国法上,水污染侵权现象独立于其他环境污染侵权,立法上对其作出了专门规定。德国侵权法的主要特点在于将一般侵权行为责任与危险责任(即无过失责任)相区别:以《民法典》上的侵权行为法(第 823 条)作为一般侵权行为的救济依据,以过失责任主义为其归责原则;而危险责任则是在《民法典》之外,通过特别法个别地加以规定,实行无过失责任主义,是特殊侵权行为的救济依据。[①] 但是,晚近德国法的发展已明显改变了受害者因水污染以外的其他环境侵权行为所生损失由于适用过失责任难以得到救济的不利状况。尤其是 1990 年的德国《环境责任法》,更是对环境侵权的法律责任作了系统的规定,引入了无过失责任原则,使得德国环境侵权法制日臻完善。

在考察德国环境污染侵权方面的法律规定时,往往将水污染作为一种单独的污染类型,其在水污染防治方面的主要法律有 1957 年的《联邦水利法》、1960 年的《联邦河道法》、1961 年的《洗涤用品法》等。在德国,因水污染现象所造成的损害,性质上属于"危险责任",系特殊侵权行为类型之一。不论其原因行为是经过许可的营业活动、无须经过许可的营业活动还是日常生活活动,均应依据《联邦水利法》第 22 条的规定,由加害人向受害人承担无过失赔偿责任,以无过失责任原则作为其承担民事责任的归责原则。但是,德国《民法典》在规定污染损害赔偿实行无过失责任的同时,还规定了一定的限制:只有在超出正常水平或超过法定标准排放污染物,或没有采取技术上、经济上允许的消除措施而造成损害时,受害人才享有赔偿的请求权。而且,德国法不赔偿纯粹的经济损失,只有在导致当事人死亡、身体伤害或健康损害或同时导致物体发生损害时,环境责任法才适用。

3. 日本水污染侵权责任的归责原则

在日本,因产业活动等人为原因造成的环境污染所导致的与人、物或生活环境相关的损害,通常被称为"公害"。[②] 著名环境法学家原田尚彦在《环境法》一书中,把公害定义为以事业活动及其他人的活动为原因,大气、水、安静稳定等的自然环境遭到破坏乃至污染,作为其结果,不特定的多数的人们的健康、财产及其他的生活环境发生损害。简言之,公害就是"以由于日常的人为活动带来的环境污染以致破坏为媒介而发生的人和物的损害"。[③]

早期的日本《民法典》以过失责任原则为侵权行为的一般原则。根据日本《民法典》第 709 条的规定,"因故意或过失侵害他人权利者,对因之而产生的损害负赔偿责任"。[④] 可见,侵权行为的构成要件包括作为客观要件的违法性(侵权损害事实)和作为主观要件的有责性(故意或过失)。此外,还需证明加害行为与损害结果之间存在因果关系。然而,19 世纪后半叶以来,环境污染、破坏现象愈演愈烈,固守过失责任原则已不合时宜。因为环境污染、破坏的加害者往往是经济实力雄厚的企业,而受害者常常是社会中分散

① 庄敬华:《德国环境损害赔偿法律问题初探》,载《法学论坛》2005 年第 5 期。
② 赵佳:《中日环境侵权民事责任的归责原则比较》,载《今日湖北(理论版)》2007 年第 6 期.
③ 〔日〕原田尚彦:《环境法》,于敏译,法律出版社 1999 年版,第 51—58 页。
④ 见梁慧星:《民法总论》(第 2 版),法律出版社 2004 年版,第 317 页。

的弱小个体,双方力量对比悬殊。而且,要求缺乏信息资料的受害人举证加害人有无过失,无异于关闭了其法律救济的路径。由此,在环境污染的侵权行为领域,无过失责任原则呼之欲出。

当然,日本的公害法也并非单纯由过失责任一跃而为无过失责任,其归责原则经历了从早期的主观过失说(即以行为人主观的应受非难的心理状态为构成要件)到客观过失说(即以对法定注意义务的违反为构成要件),又从客观过失说到过失推定理论(即只要有损害结果就推定被告具有过失从而承担赔偿责任),再到无过失责任原则的发展脉络。

4. 我国台湾地区水污染侵权责任的归责原则

我国台湾地区《民法典》第 184 条(一般侵权行为责任)规定:"因故意或过失,不法侵害他人之权利者,负损害赔偿责任。故意以背于善良风俗之方法,加损害于他人者亦同。违反保护他人之法律者,推定其有过失。"这是我国台湾地区"民法典"关于侵权行为归责原则的一般规定,即采取过失责任主义和过失推定的法则。[①] 可以肯定的是,该条欲当然适用于环境污染致人损容这一侵权行为,且该条后款关于过失推定法则的规定,在无过失责任尚未法制化的情况下,大大弥补了过失责任的缺陷,成为受害方寻求救济的一大依据。

除此之外,我国台湾地区还在一些特别法中规定了环境公害的无过失责任原则,如"水污染防治法""大气污染防治法""矿业法""核损害赔偿法"等。其中,"水污染防治法"第 61 条规定:"水污染受害人,得向当地主管机关申请鉴定其受害原因;当地主管机关得会同有关机关查明原因后,命令排放水污染物者立即改善,受害人并得请求适当赔偿"。可见,在水污染侵权行为场合,台湾地区实施的也是无过失责任原则,而无论排放污染者是否有过失。此外,台湾地区对水污染侵权行为追究民事责任的一个必经程序为受害者可以向当地主管机关申请鉴定其受害原因,这一程序的规定即意味着当地主管机关负责查明损害结果与排污者的排污行为之间是否具有因果关系。对受害者而言,分担了其承担举证责任的压力,有利于保护处于弱势地位的受害人的利益。

5. 我国水污染侵权责任的归责原则

水污染致人损害作为环境污染致人损害的种类之一,区别于适用过失责任原则的一般侵权行为,是一种特殊侵权行为。根据我国《民法通则》第 124 条的规定,"违反国家保护环境防止污染的规定,污染环境造成他人损害的,应当依法承担民事责任"。而我国新修订的《环境保护法》第 64 条规定,"因污染环境和破坏生态造成损害的,应当依照《中华人民共和国侵权责任法》的有关规定承担侵权责任",这是对原《环境保护法》第 41 条的修改,旨在完善环境民事责任,与《侵权责任法》相衔接。我国《水污染防治法》的第 85 条第 1 款规定:"因水污染受到损害的当事人,有权要求排污方排除危害和赔偿损失。"此外还在该条第 2、3、4 款分别规定了排污方免责或减轻赔偿责任的情形,即"由于不可抗力造成水污染损害的,排污方不承担赔偿责任;法律另有规定的除外。水污染损害是由受

---

① 曾世雄:《损害赔偿法原理》,中国政法大学出版社 2001 年版,第 72—84 页。

害人故意造成的,排污方不承担赔偿责任。水污染损害是由受害人重大过失造成的,可以减轻排污方的赔偿责任。水污染损害是由第三人造成的,排污方承担赔偿责任后,有权向第三人追偿。"《水污染防治法实施细则》第48条规定:"缴纳排污费、超标排污费或者被处以警告、罚款的单位,不免除其消除污染、排除危害和赔偿损失的责任。"从这些法律条文中可以得出一个结论:我国《环境保护法》和《水污染防治法》是明文规定了无过失责任的。

(二)中外水污染侵权责任的归责原则的比较

1. 发展的阶段不同

大部分发达国家的水污染侵权民事责任的归责原则都经历了连续性的发展阶段。如美国由早期的妨害实行严格责任,到后来18、19世纪的经济发展优先模式,进而使得侵害的成立也转而要求行为人具有故意或过失,即实行过失责任原则。在过失责任原则之下,广大受害人无法得到救济和保护,且受到英国法和美国法中特别危险活动责任法理的影响,妨害的成立又改适用严格责任原则。又如日本,经过不同的环境侵权的发展阶段,先后对其公害过失论进行修正与发展,其水污染侵权的归责原则的适用也先后经历了从主观过失到客观过失再到过失推定,继而最终建立无过错责任原则的过程。

需要指出的是,我国水污染侵权归责原则并非独立、连续地发展的,而是遵循《民法通则》及相关单行法中关于侵权责任规则的规定及发展趋势的,我国的水污染侵权归责原则是直接从过错责任原则跃入无过错责任原则的,相比较其他国家的法律体系的连贯性而言,我国的法律尤其是在水污染侵权归责方面的规定尚缺厚实的理论基础,往往是就事论事,缺乏对某一社会现象全面完整的规定。虽然我国的水污染侵权法律体系起步晚,没有经历发达国家环境侵权经历的阶段,但采用的无过错责任原则是被世界上大多数国家所采用的,并经实践证明是正确的,这说明在环境侵权归责原则问题上我国没有走弯路,顺应了世界潮流,是我国立法上的成功之举。

2. 理论的成熟度不同

在我国关于水污染侵权责任的立法和司法实践中,关于其归责原则的规定往往见诸于《民法通则》《环境保护法》《水污染防治法》等法律中,并且都是以部门法的形式出现,没有统一的规定,甚至没有完整的体系,这就使得在实践中出现运用法律不适格的问题,或者是因为参照的法律有冲突,可能导致相似的具体案件出现截然相反的两种结果,这显然不公平合理。此外,由于水污染往往与经济利益挂钩,所以有些地方政府往往会以"经济建设为中心"而疏于对加害者的惩罚。

然而在发达国家,关于水污染侵权的民事责任有其详细的规定,甚至形成了完整的理论体系。如日本的"忍受限度说",根据这一理论,法官在判案时只需遵守这个理论作出判断,并形成了一定的原则:污染环境行为的公共性和效益性不能作为免责事由;具有相当完善的消除污染的设备或设施也不能成为民法上的免责事由。[1] 显然,这一原则与

---

[1] 李玉平、罗丽:《环境侵权民事责任归责原则研究》,载《北京理工大学学报》2004年第5期。

我国民法上的免责事由相比，更加具体，更具有操作性。有的国家会有专门的立法来规定，如在德国，水污染侵权的民事责任属于危险责任的适用范围，为此德国在制定《水利法》时特别强调了水污染侵权适用本法的无过失责任原则。① 综上，与发达国家相比，我国在归责原则方面的理论较落后，还没有形成统一而完整的体系。

3. 无过错责任原则已成为大势所趋

目前，水污染侵权民事责任实行无过错责任归责原则，已经成为世界各国立法和司法实践的发展趋势。无过错责任原则有利于救济环境受害人。如果按照传统侵权行为法理论，在水污染侵权领域仍然实行过错责任归责原则，不仅不利于救济受害人，而且会助长污染企业进一步扩大生产，造成更严重的后果。与其他环境污染不同，水污染具有潜伏性、隐蔽性和广泛性，其产生的后果囿于现有科技水平，不能及时被估计与预测。此外，受害人与损害人的主体地位不平等性，往往使得受害人得不到应有的赔偿，而加害人却因为过失责任原则而逃脱了其应承担的民事责任。与此相对，在水污染侵权领域适用无过错责任归责原则，使生产容易造成水污染的企业，采取各种积极应对措施以减少对水资源的污染；对于采取措施仍不能完全消除污染或者意外事件导致的污染，适用这一原则可以让相关的企业承担一定的民事责任。总之，无过错责任归责原则的适用，对于及时迅速地救济受害人、强化加害人民事责任具有重要意义。

三、对我国的水污染侵权责任的归责原则的建议

（一）加强理论研究

与发达国家成熟的归责体系相比，我国的水污染侵权归责原则体系略显单一。由于我国的环境法起步比较晚，相对而言水污染侵权归责原则的研究更是没有经历发达国家的那种循序渐进的发展阶段，导致环境法内在体系化思考和设计不够，立法的基础性分析和实证性研究薄弱，尚欠缺深层次理论研究而形成的厚实理论基础。各部门也常常从有利于自己的角度推出相应的法律法规，未免持不同观点的人对法律的适用产生歧义，从而导致不同的法律后果，应该注重加强其理论基础。以无过失责任作为水污染侵权民事责任的归责原则是国际民事立法的大势所趋，我国也应更加完善这一制度，协调现有法律规定间的冲突与不一致，把握未来环境污染侵权法律体系建设。

（二）明确规定水污染侵权适用无过错责任

在我国，水污染侵权无过错责任原则的立法规定不明确，并且环境侵权民事责任归责原则只适用于污染环境的侵权行为的情况下，因此很有必要明确规定水污染侵权适用无过错责任，即"因污染或破坏水环境等侵权行为，造成他人健康、生命、财产损害的，即使没有过错，有关单位或者个人也应当承担侵权民事责任"。必要时规定因果关系推定

---

① 李艳年：《德国民法上的危险责任制度》，载《河南省政法管理干部学院学报》2004 第 2 期。

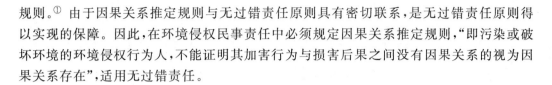

规则。① 由于因果关系推定规则与无过错责任原则具有密切联系,是无过错责任原则得以实现的保障。因此,在环境侵权民事责任中必须规定因果关系推定规则,"即污染或破坏环境的环境侵权行为人,不能证明其加害行为与损害后果之间没有因果关系的视为因果关系存在",适用无过错责任。

(三)限制免责事由

水污染侵权适用的是相对无过错责任原则,而不是绝对无过错责任原则,即加害人在法定情况出现时可以减轻责任或免除责任。一般侵权民事责任的免责事由主要包括:不可抗力、受害人过错或第三人过错、正当防卫和紧急避险。根据环境保护法律体系的特点,我国虽然明确规定了免责事由,但仍需要进一步明确不可抗力的范围。我国《环境保护法》第 64 条规定:"因污染环境和破坏生态造成损害的,应当依照《中华人民共和国侵权责任法》的有关规定承担侵权责任。"《水污染防治法》第 85 条规定:"由于不可抗力造成水污染损害的,排污方不承担赔偿责任;法律另有规定的除外。水污染损害是由受害人故意造成的,排污方不承担赔偿责任。水污染损害是由受害人重大过失造成的,可以减轻排污方的赔偿责任。水污染损害是由第三人造成的,排污方承担赔偿责任后,有权向第三人追偿。"由此可见,目前相关的水污染法律虽不再将不可抗力的范围限于自然灾害,但是对法律另有规定的情形并没有作出详细的解释。在实践中,由于对免责事由的规定较为宽松,对认定污染损害责任时,无过错原则的适用范围变小,这并不利于保护受害者的利益及开展水污染防治工作,因此需要进一步明确不可抗力的范围,对其进行严格的解释。

(四)完善水污染侵权民事责任承担的界定

水污染侵权与一般的侵权不同,往往具有潜伏性、广泛性、隐蔽性等特点,因此,其构成要件与一般侵权的责任承担要求的条件也是不完全相同的。对此,首先要厘清责任承担的范围和承担的条件,一般的民事责任构成包括行为的违法性、损害事实存在、违法行为和损害结果之间有因果关系、行为人主观上有过错等方面的要件。而根据水污染侵权民事责任的理论,不以行为违法性作为其必要条件,因此水污染侵权民事责任的构成要件应该主要有三个,即实施了污染环境的侵权行为、构成环境损害的事实以及损害与污染环境的行为之间存在因果关系。其次,还应该在相关的实施细则或更具有操作性的规定中细化水污染侵权民事责任的认定方法,使其具体化,以利于在实践中对相关水污染侵权责任进行追究。最后,还需要注意在确定水污染损害赔偿范围时的一些特殊情况,例如潜在的,尽管没有给受害人财产造成直接或者间接的损失,但可能对其人身健康造成损害的危险,如身体机能的衰退或者因当前科技水平而没有意识到的一些基因变异。对于这一类损害,需要给予相应的补偿。

---

① 王希希:《论环境污染侵权民事责任》,山东大学学 2012 年硕士学位论文。

四、结　语

随着社会经济的快速发展,环境污染侵权行为的种类也不断增多,已成为侵权法理论体系中一种重要的侵权行为,特别是水污染侵权责任。目前,我国在水污染侵权方面已取得了长足的进步,但和水污染侵权制度完善的国家相比还存在较大的缺陷,亟待改进。由于水污染侵权具有特殊性,所以在对其进行归责时必须立足于我国的具体国情和实际情况,吸收外国先进经验,对其进行完善,使之能更好地运用于具体案件。

立法建议

梁子湖保护

　　梁子湖是湖北省第二大湖泊,流域跨武汉、黄石、鄂州、咸宁四市,是武汉城市圈的重要生态屏障和战略水源地,加强其生态环境保护不仅事关湖北生态立省战略的实施和武汉城市圈"两型社会"建设综合配套改革的深入推进,更事关周边两千多万人的饮用水安全。近年来,在省委、省政府的主导下,省直相关部门和环湖四市政府采取系列措施,不断加大对梁子湖的污染治理和生态修复力度,在促进梁子湖生态环境改善方面取得了一定的成效,在此背景下,我中心接受省政协委托,起草了《梁子湖保护条例(专家建议稿)》,形成了立法调研报告,为政府启动梁子湖保护"一湖一法"工作提供建议与参考。

《梁子湖保护条例(专家建议稿)》立法说明

梁子湖是湖北省第二大湖泊,流域跨武汉、黄石、鄂州、咸宁四市,是武汉城市圈的重要生态屏障和战略水源地,加强其生态环境保护不仅事关湖北生态立省战略的实施和武汉城市圈"两型社会"建设综合配套改革的深入推进,更事关周边两千多万人的饮用水安全。随着党的十八大、十八届三中全会精神的深入贯彻,梁子湖生态环境保护问题受到社会各界的广泛关注。在省委、省政府的主导下,省直相关部门和环湖四市政府采取系列措施,不断加大对梁子湖的污染治理和生态修复力度,在促进梁子湖生态环境改善方面取得了一定的成效。武汉市委、市政府高度重视湖泊保护工作,将其纳入都市发展基本生态控制线保护规划,最近三年连续把湖泊保护与污染治理工作列为治庸问责整改承诺"十个突出问题"之一,对梁子湖生态环境保护的重视程度和污染治理的力度近年来不断提高,梁子湖保护立法已成为社会各界关注的焦点问题,刻不容缓。2014年6月,湖北省政协委托湖北水事研究中心承担起草《湖北省梁子湖保护条例》专家建议稿的任务。

按照条文起草委托的安排,《湖北省梁子湖保护条例(专家建议稿)》的起草工作分为基础资料与数据收集、专题调研与论证和条文起草与修改三个阶段:基础资料与数据收集工作于2014年6月底启动,至2014年8月底完成;专题调研与论证工作于2014年6月底启动,至2014年7月底完成;条文起草与修改工作于2014年6月启动,历经十余次修改于2014年8月中旬完成。其间,课题组与湖北省政协,湖北省水利厅、环保厅、林业厅、农业厅、交通厅,武汉市水务局,水利部太湖流域管理局,中南财经政法大学环境法研究所,湖北大学等单位和科研机构就立法相关问题进行了多次交流与研讨,并广泛征求了湖北省与湖泊保护相关的各部门、机构的意见和建议。在此基础上经过课题组多次论证、修改,最终形成了《梁子湖保护条例》立法调研报告、专家建议稿(附条文释义)、起草说明和参阅件,并于2014年8月底提交湖北省政协。至此,湖北水事研究中心《湖北省梁子湖保护条例起草委托合同》正式完成。现就专家建议稿的主要内容作如下说明:

一、明确了立法目的及保护目标与范围

湖泊的保护与开发利用是互为因果、互相促进的。鉴于本条例的立法初衷及湖北省梁子湖水域面积减小、水质日益恶化、水生态系统功能明显退化、亟须加强保护的情势,建议稿特别突出保护的目的,将湖泊保护置于合理开发、利用之前,作为其前置目标。同

时;为了更好地实现此目的,本条例设计了以下六项法律原则:保护优先原则、限制开发原则、综合管理原则、集中执法原则、协调发展原则、公众参与原则。其次,建议稿对梁子湖进行了明确的功能定位,着重强调梁子湖的生态价值,把梁子湖定位为武汉城市圈的生态屏障和战略后备水源区,并据此设计梁子湖流域生态环境保护目标应为:梁子湖流域生态环境保护以水体质量为核心,以湿地、植被、野生动植物为重点,以自然生态系统为目标,逐步实现梁子湖流域水生态系统的良性循环。最后,基于立法目的、保护目标,建议稿也着重对梁子湖保护范围进行了明确的规定。在考虑了梁子湖流域的差异性和湖北省立法与武汉市等立法的衔接问题的基础上,按照功能和保护要求,参考《梁子湖生态环境保护规划(2010—2014年)》,将梁子湖流域保护区范围划分为一级、二级、三级保护区。这样规定的优势在于将水体与水体相接的部分作为一个有机整体进行统一保护,体现了湖泊保护立法的系统性和整体性。

二、理顺了梁子湖流域管理体制

加强梁子湖保护必须从理顺管理体制入手,进一步明确各管理主体的职权和责任。根据《湖北省湖泊保护条例》第5条的规定,跨行政区域的湖泊保护工作,由其共同的上一级人民政府和区域内的人民政府负责。跨行政区域湖泊的保护机构及其职责由省人民政府确定。本条例首先确定了由省人民政府领导梁子湖流域生态环境保护工作。

其次是成立湖北省梁子湖流域管理委员会。建议稿确定了由省人民政府领导梁子湖流域生态环境保护工作,设计成立梁子湖管理委员会,管理委员会组成中,除了省人民政府及有关部门负责人外,还涵盖有关市人民政府负责人,管理委员会成员对于梁子湖流域负有管理责任。另一方面,管理委员会的工作形式采取联席会议制,能够更好地体现流域保护工作的"统筹协调"与"协同治理"。另外,在不增设、不改变现有机构设置的前提下,根据《水法》《湖北省湖泊保护条例》等上位法的规定,设计由省人民政府水行政主管部门负责管委会的日常工作。

复次是确定专门管理机构。专门的湖泊管理机构可以减少部门之间的利益冲突,防止在湖泊管理和保护中各部门互相争权、相互掣肘,提高了湖泊保护和管理的效率。同时,明确的管理机构也就意味着明确的责任主体,即使出现湖泊保护和管理不力,也不会发生部门之间相互推卸责任的情况。现有的梁子湖管理局,只是省水产局下属的一个处级单位,其主要职能是管理湖区捕捞作业,很明显是难以完成对梁子湖的保护工作的。因此意见稿改变了现有的梁子湖管理局的行政隶属关系和职能,将现有的梁子湖管理局由原来的管理水产为主调整到以保护管理为主的方向上,由水产局调整到水行政主管部门,作为梁子湖流域保护的管理机构,负责组织、指导、监督梁子湖流域保护的具体工作,并提供服务。这样既能在工作上保证效率,又不会对现有的机构设置产生影响。

再次是落实流域内武汉、鄂州、黄石、咸宁四市人民政府的管理责任。梁子湖流域生态环境保护工作既需要建立完善的协同机制,也要考虑流域内不同行政区域的实际。梁子湖流域生态环境保护工作最主要的责任主体还是流域内的地方政府,流域生态环境保

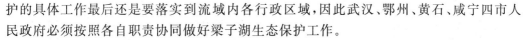

护的具体工作最后还是要落实到流域内各行政区域,因此武汉、鄂州、黄石、咸宁四市人民政府必须按照各自职责协同做好梁子湖生态保护工作。

最后是厘清管理权限,建立协同机制。湖泊保护是一个整体性、系统性的事业,湖泊的功能和价值也是多元化的。这就决定了不可能将我国的湖泊保护工作仅仅交给一个地区、部门来完全负责。因此在明确上述管理体制的同时,还规定发展改革、财政、环保、水政、农业、渔政、林业、建设(规划)、国土资源、公安、交通运输、海事、旅游等行政主管部门应当加强协调配合,按照各自职责做好湖泊保护工作。

这样就形成了由省人民政府领导梁子湖流域生态环境保护工作,武汉、鄂州、黄石、咸宁四市人民政府负责本行政辖区内梁子湖的保护、管理和行政工作,湖北省梁子湖流域管理委员会统筹、协调,梁子湖管理局组织、指导、监督、服务于梁子湖流域保护的具体工作,有关部门协同管理的梁子湖管理体制。

三、建立了综合集中执法机制

国内外湖泊管理的立法和实践中一种成功的经验就是针对某一个湖泊设置专门的湖泊保护机构,将有关地区和部门与湖泊保护有关的执法权集中或者部分委托或授权给专门的湖泊保护机构统一行使,这样可以极大地解决湖泊管理中生态环境保护与治理各有责任、各不负责,实际工作中多龙治水,各自为政,缺乏相互沟通和衔接,甚至相互掣肘的状况。因此,建议稿在理顺梁子湖流域管理体制的基础上,根据湖北省人民政府《关于梁子湖管理局开展相对集中行政处罚权工作的通知》(鄂政函〔2007〕280号),针对《湖北省农业厅关于要求确定湖北省梁子湖管理局行使综合执法权的请示》,建立了综合集中执法机制,把流域内相关部门的有关执法权集中授权给梁子湖管理局。

四、建立了生态环境考核评价制度

在《十八届中央政治局第六次集中学习的讲话》中,习近平同志指出保护生态环境必须依靠制度、依靠法治,最重要的是要完善经济社会发展考核评价体系,把资源消耗,环境损害、生态效益等体现生态文明建设状况的指标纳入经济社会评价体系,同时还要建立责任追究制度,对于不顾生态环境盲目决策、造成严重后果的人,必须追究其责任,而且应该终身追究。我国2014年修订的《环境保护法》及我省《湖泊保护条例》中都进一步强化了地方政府的环境保护职责,明确了政府的环境目标考核评价制度。根据中央精神及上位法的规定,建议稿建立了生态环境考核评价制度,明确了梁子湖生态环境保护的责任主体及考核评价制度,并根据梁子湖流域行政区域的分布,进一步提出对梁子湖流域17个乡镇取消地区生产总值考核,并实行行政首长自然资源资产离任责任审计,从而加强对流域生态环境保护的监督。

五、具化了举报及奖励制度

公众对违法行为的举报对于维护社会公众共同的环境利益,督促政府积极履行湖泊保护职责,弥补政府在湖泊保护领域的能力不足等意义十分重大。公众对违法行为的举报既是一种义务,也是一种权利,应该给予立法保护,保护举报人的合法权益才能保证举报人敢于去举报真实的违法行为。同时,奖励制度更容易被公众或相对人接受,更容易激发公众或相对人自觉守法、主动参与湖泊保护事务的热情。建议稿具化了举报的物质和精神利益的刺激,明确按照环境违法行为处罚金额10%—20%的标准对检举和协助查处违法行为的单位和个人给予奖励,强化公民作出获奖行为的动机,使公众能够更积极参与监督。

《梁子湖保护条例(专家建议稿)》

第一章 总 则

第一条【立法依据】

为加强梁子湖生态环境保护,促进梁子湖流域经济社会可持续发展,根据《中华人民共和国环境保护法》《中华人民共和国水法》《中华人民共和国水污染防治法》《中华人民共和国防洪法》《湖北省湖泊保护条例》《湖北省水污染防治条例》等法律法规,结合本省实际,制定本条例。

第二条【适用范围】

本条例适用于梁子湖流域,包括梁子湖水体在内的 2085 平方公里范围,涉及武汉、鄂州、黄石、咸宁四市的 17 个乡镇,339 个行政村。

第三条【基本原则】

梁子湖流域生态环境保护应当遵循保护优先、限制开发,综合管理、集中执法,协调发展、公众参与的原则。

第四条【保护目标】

作为武汉城市圈的生态屏障和战略后备水源区,梁子湖流域生态环境保护以水体质量为核心,以湿地、植被、野生动植物为重点,逐步达到水体 II 类地表水标准,实现梁子湖流域水生态系统的良性循环。

第五条【保护范围】

按照保护目标要求,梁子湖流域划分为一级、二级、三级保护区:

(一)一级保护区,包括梁子湖水体(水域线为湖泊最高控制水位)和湖滨带。水体是指梁子湖最高蓄水位以下的区域;湖滨带是指以梁子湖水域线为基线,向外延伸不少于300 米的区域,分为牛山湖、西梁子湖、东梁子湖三个亚区。

(二)二级保护区,是沿湖岸向外延伸 10 公里左右,以周边主干公路(铁路)为界而划定的保护区。包含武汉市江夏区梁子湖风景区管委会、流芳街、乌龙泉街藏龙岛办事处、五里界街、湖泗镇、山坡乡、舒安乡,鄂州市东沟镇、沼山镇、梁子镇、太和镇(梁子湖区)、涂家垴镇。

(三)三级保护区,是指除梁子湖一、二级保护区以外,梁子湖流域分水岭以内的流域集水区。

梁子湖生态保护勘测划线由湖北省梁子湖管理局会同省水利厅、林业厅及相关市区完成。

第六条【生态环境保护考核评价制度】

梁子湖流域各级人民政府对本行政区域的流域生态环境质量负责。

梁子湖生态环境保护实行行政首长负责制，并进行行政首长自然资源资产离任责任审计。

对梁子湖生态环境保护工作实行地方人民政府目标责任制与考核评价制度。考核内容为湖泊数量、面(容)积、水质、功能、水污染防治、生态等，考核目标不得低于上年度同期标准。

对梁子湖流域 17 个乡镇取消地区生产总值考核。

第七条【资金保障】

省人民政府与流域内各级人民政府应当保证并加大保护和改善梁子湖流域生态环境、防治污染和其他公害的财政投入，建立稳定、长效的流域保护运行和生态补偿的资金投入机制，提高财政资金的使用效益。

省人民政府与流域内各级人民政府鼓励多渠道筹集资金，设立生态环境治理专项基金，以促进梁子湖流域生态环境保护。

第八条【奖励制度】

对保护和改善梁子湖生态环境有显著成绩的单位和个人，由县级以上人民政府给予奖励。

第九条【人大作用】

梁子湖流域内的各级人民政府应当定期向同级人民代表大会或其常委会报告本条例的执行情况，并就湖泊保护规划及其执行情况接受质询。

第二章 管 理

第十条【管理体制】

省人民政府领导梁子湖流域生态环境保护工作，并将梁子湖流域生态环境保护规划纳入国民经济和社会发展规划。

流域内市、区、县人民政府及镇人民政府、街道办事处依照本规定负责管辖范围内的梁子湖生态环境保护的有关工作，将梁子湖流域生态环境保护纳入国民经济和社会发展规划，并组织实施。

流域内各级人民政府有关行政主管部门应当按照各自职责，做好梁子湖的生态环境保护工作。

流域内村(居)民委员会协助各级人民政府及有关部门做好梁子湖生态环境保护工作。

第十一条【流域管理委员会】

省人民政府设立湖北省梁子湖流域管理委员会(下称管委会)，负责全流域生态环境保护的综合协调工作。

管委会由省人民政府及有关部门负责人和流域内的有关市人民政府负责人组成,管委会主任由省人民政府负责人担任。

管委会采取联席会议制度,管委会的日常工作由省人民政府水行政主管部门负责。

第十二条【流域管理委员会的主要职责】

流域管理委员会的主要职责:

(一)研究制定梁子湖生态环境保护方针政策;

(二)组织制定梁子湖综合保护规划、专项规划与年度计划;

(三)组织制定梁子湖最低保障水位和最高控制水位;

(四)组织制定流域生态补偿方案;

(五)建立、健全实施本条例的各项责任制度;

(六)协调解决梁子湖生态保护中存在的重大问题,调查处理重大涉水事件;对本条例的实施进行监督管理;

(七)听取、审议梁子湖生态环境保护管理机构的工作报告;审议梁子湖生态环境保护管理机构提交的需要由管委会研究决定的事项;

(八)对梁子湖生态环境保护工作进行检查考核,并报省人民政府予以表彰、奖励或者批评;

(九)定期向省人民政府报告梁子湖流域生态环境保护工作。

第十三条【梁子湖生态环境保护管理机构】

省水行政主管部门设立湖北省梁子湖管理局,作为管委会的办事机构,依照法律法规规定和有关授权,实施综合行政执法,负责梁子湖流域生态环境保护工作的组织实施和综合监督管理。

第十四条【梁子湖管理局的主要职责】

梁子湖管理局的主要职责:

(一)宣传贯彻国家有关法律、法规和本条例;协调、检查和督促各有关县、区、部门依法履行职责;

(二)组织和监督实施管委会制定的各项规划、年度计划与综合整治方案;

(三)建立、健全实施本条例的配套工作制度,并督促贯彻执行;

(四)参与制定区域开发建设等有关规划;

(五)组织、指导、协调、监督梁子湖流域水污染防治工作;

(六)组织、指导、协调、监督梁子湖流域的生态修复;

(七)监督保护区内建设项目、渔业养殖、围垦水面等行政许可及其他行政执法活动;

(八)实施流域内综合行政执法检查;

(九)定期打捞死亡和腐烂的水草及其他影响流域水体水质的水生动植物;

(十)开展流域保护与科学、合理利用的科学研究与技术创新;

(十一)定期向管委会报告保护工作情况,并定期向社会公布梁子湖流域环境质量状况;

（十二）负责筹集梁子湖流域治理基金,参与基金的管理与使用;

（十三）接受对违反本条例行为的举报,及时作出处理,并予以反馈。

第十五条【综合行政执法机制】

依照法律法规规定和有关授权,梁子湖管理局在流域范围内实施综合行政执法。包括渔政、野生动植物保护、湿地自然保护、旅游、船舶检验、港口及航运管理、水生动植物检验检疫、环境保护、水资源管理等方面的法律、法规、规章规定的行政执法处罚权。

相关部门不再行使已经统一由梁子湖管理局行使的行政执法处罚权。对梁子湖管理局依本条例履行职责的活动,相关部门应当予以支持、配合。

第十六条【地方政府的职责】

武汉、鄂州、黄石、咸宁四市人民政府根据管委会制定的梁子湖流域综合保护规划,组织制定本行政区域内梁子湖流域综合保护规划及专项保护规划,在各自行政区域内制定经济社会发展的有关规划和进行各类开发建设活动,应当符合梁子湖流域综合保护规划。四市人民政府按照梁子湖生态环境保护目标责任,负责本行政辖区内梁子湖的保护、管理和行政工作。

第十七条【相关部门的职责】

县级以上人民政府发展改革、财政、环保、水政、农业、渔政、林业、建设（规划）、国土资源、公安、交通运输、海事、旅游等行政主管部门按照各自职责协同梁子湖管理局做好梁子湖生态保护工作、配合梁子湖管理局的综合执法。

第三章　水污染防治和水资源保护

第十八条【水质管理目标】

一级保护区内水质执行国家《地表水环境质量标准》的Ⅱ类地表水标准,二、三级保护区内水质执行Ⅲ类地表水标准,并逐步实现Ⅱ类地表水标准。

二、三级保护区内排放污染物的浓度与总量应当符合国家和地方规定的相关排放标准。

第十九条【一级保护区】

在梁子湖流域一级保护区范围内,梁子湖管理局应当会同有关部门,逐步拆除或者搬迁原有的与梁子湖生态保护和治理无关的建筑物和构筑物,逐步迁出原居住户;关闭已建排污口;从严控制在梁子湖水域航行的非燃油机动船只数量,实行严格的准入制。

一级保护区内禁止下列行为:

（一）设置排污口;

（二）新建、改建、扩建与取水设施及保护水源无关的一切建设项目;

（三）填湖、围湖造田、造地等侵占水体或缩小水面的行为;

（四）擅自取水或者违反取水许可规定取水;

（五）放养畜禽,设置渔簖,进行围网、网栏、网箱养殖渔业活动;

（六）使用禁用的渔具、捕捞方法或者不符合规定的网具捕捞;

（七）使用燃油机动船和水上飞行器，但经批准进行科研、执法、救援、清淤除污的除外；经批准入湖的机动船应当有防渗、防淤、防漏设施，对其残油、废油应当封闭处理；

（八）使用农药、化肥、有机肥；

（九）采捞对净化梁子湖水质有益的水草和其他水生动植物；

（十）损毁水利、水文、气象、测量、界桩、环境监测等设施；

（十一）法律、法规规定的其他破坏生态系统和污染环境的行为。

第二十条【二级保护区】

在梁子湖流域二级保护区范围内，新建、改建和扩建项目应当符合梁子湖生态保护规划，有关部门在审批后，应当报梁子湖管理局备案。

二级保护区内禁止下列行为：

（一）新建、扩建排污口或者新建、改建和扩建与梁子湖生态保护无关的建设项目；

（二）开山挖砂、采石、采矿、取土等破坏水土保护的行为；

（三）设置装卸垃圾、粪便、油类和有毒物品的码头、有毒有害化学品仓库及堆栈；

（四）未采取防污措施在河道围堰、网箱、网围养殖；

（五）规模化畜禽养殖；

（六）排放屠宰和饲养禽畜污水、未经消毒处理的含病原体的污水，倾倒、坑埋残液残渣、放射性物品等有毒有害废弃物，设置危险废物贮存、处置、利用项目；

（七）生产、销售含磷洗涤用品和不可自然降解的泡沫塑料餐饮具和塑料袋；

（八）法律、法规规定的其他破坏生态系统和污染环境的行为。

第二十一条【三级保护区】

在梁子湖流域三级保护区范围内，规划、建设等行政主管部门对新建、改建、扩建项目应当控制审批。涉及项目选址的，批准前应当征求梁子湖管理局等有关部门的意见；对环境保护可能造成较大影响的项目，立项前或者可行性研究阶段应当召开听证会。

三级保护区内禁止下列行为：

（一）新建、改建、扩建向湖泊、河道排放氮、磷污染物的工业项目以及污染环境、破坏生态平衡和自然景观的其他项目；

（二）向河道、沟渠等水体倾倒固体废弃物，排放粪便、污水、废液及其他超过污染物排放标准的污水、废水，或者在河道中清洗可能污染水体的物品；

（三）在河道滩地和岸坡堆放、贮存固体废弃物和其他污染物，或者将其埋入集水区范围内的土壤中；

（四）盗伐、滥伐林木或者其他破坏与保护水源有关的植被的行为；

（五）毁林开垦或者违法占用林地资源；

（六）在禁止开垦区内开垦土地。

第二十二条【点源污染物控制】

梁子湖流域污染物排放实行总量控制，有关市环境保护主管部门、水行政主管部门应当依照各自职责对污染物排放总量、浓度进行实时监控，建立预警机制及水污染事故应急预案。

第二十三条【农业面源污染防治】

武汉、鄂州、黄石、咸宁四市人民政府应当采取以下措施防治农业面源污染:

(一)推广测土配方施肥、精准施肥、生物防治病虫害等先进适用的农业生产技术,减少流域化肥和农药使用量,开展生态清洁小流域建设,有效控制农业面源污染;

(二)加强对流域水产养殖的管理,合理确定养殖规模,推广循环水养殖、不投饵料养殖等生态养殖技术;

(三)加强流域内畜禽养殖污染防治工作,划定禁养、限养区域;畜禽养殖场应当对畜禽粪便、废水进行无害化处理,实现污水达标排放。

第二十四条【生活垃圾处理】

武汉、鄂州、黄石、咸宁四市人民政府应当对各自行政区域内的农村生活垃圾实行统一收集、集中分类处理,逐步实现生活垃圾减量化、无害化和资源化。

第二十五条【污水处理】

武汉、鄂州、黄石、咸宁四市人民政府应当加快完善公共污水处理系统建设。自本条例施行之日起 3 年内,流域内乡镇应当全部建成并使用公共污水管网集中处理污水,为农村居民点配备污水收集处理设施。新建污水集中处理设施,应当同步建设除磷脱氮设施;现有的污水集中处理设施不符合除磷脱氮深度处理要求的,应当限期改造。

第二十六条【水体中清洗物品的限制】

禁止在流域区内水体中清洗装储过油类或有毒有害污染物的车辆、机械、船舶和容器。

第二十七条【污染治理设施的管理】

流域区内已建污染治理设施的单位,应当遵守下列规定:

(一)制定防止水污染事件应急预案,建立、健全污染防治岗位、操作规章制度,接受有关部门的监督检查;

(二)禁止将未经处理或者处理后未达到规定排放标准的污水直接排入水体,污染治理设施需暂停使用的,应当提前一个月书面报经当地环境保护行政主管部门审查批准,并采取相应的污染防治措施;

(三)当发生事故或者其他突发性事件,造成或者可能造成水体污染时,应当启动应急预案防止或者消除污染,并按照有关规定报告当地人民政府和环境保护行政主管部门;

(四)不得超过核定的污染物排放总量,改建、扩建项目必须削减污染物排放量,污染治理设施处理能力不得低于相应生产系统的污染物产生量。

第四章　生态保护和修复

第二十八条【生态保护与修复措施】

梁子湖流域生态环境保护与修复应当通过采取水资源合理配置、水环境治理、水生态系统修复、湖泊规划控制范围内养殖业及种植业结构调整等措施,加强水源涵养区域的保护,维护良好水环境质量,进一步改善水生态系统。

第二十九条【生态治理责任】

从事下列行为而破坏梁子湖生态系统的,应当承担治理责任:

(一)违反规划造成梁子湖水域使用功能降低、地面沉降、水体污染的;

(二)在梁子湖流域范围内,堆放或弃置工业废物和生活垃圾而破坏水生态系统的;

(三)使用有毒、有害农药、化肥、有机肥的;

(四)兴建水利工程而对水生态系统造成破坏的;

(五)其他会造成水生态系统破坏的水资源开发利用行为。

第三十条【生态保护补偿机制】

建立梁子湖流域生态保护补偿机制。对减排的企业和转产专业的农民,由政府通过财政、信贷、发放补贴、纳入社会保障体系、培训等方式予以扶持。具体方案由梁子湖流域管委会组织制定,报省人民政府批准。

第三十一条【农渔业生态养殖种植】

武汉、鄂州、黄石、咸宁四市人民政府应当在各自行政区域内推广农(渔)业循环经济、农(渔)业清洁生产、农(渔)业生态养殖和种植,鼓励有机农药化肥的规模生产和使用。

根据梁子湖流域特色,优化养殖、种植品种,科学界定养殖、种植密度,扶持绿色农产品龙头企业,完善绿色农产品的认证,引导农(渔)户从事生态农(渔)业。

对从事生态渔业、生态养殖和种植等生态农业的农户予以农业生态补偿。

第三十二条【外来物种】

向梁子湖流域引入外来动植物品种的,应当由县级以上水行政主管部门会同同级农(渔)业行政主管部门组织专家论证,在适应流域生态承载能力的前提下确保梁子湖生态系统安全。

第三十三条【物种多样性保护】

加强梁子湖流域生物多样性保护,组织对流域的物种综合性调查研究,建立梁子湖物种保护基地,对流域内濒危、珍惜、经济价值高的水生动植物进行保护,保持流域物种多样性丰富程度,维持流域原生生态系统。

第五章　监测与监督

第三十四条【流域水质监测与监督】

梁子湖流域实行水质监测结果公报制度。梁子湖管理局会同武汉、鄂州、黄石、咸宁四市环境保护部门、水利部门科学合理布置流域水环境监测点;根据监测数据,梁子湖管理局定期制作梁子湖流域水环境状况公报和水文情报预报,并对社会公众公开;水环境状况公报和水文情报预报每月至少发布一次。

梁子湖管理局根据流域水环境监测结果,制作武汉、鄂州、黄石、咸宁四市年度流域水环境状况报告,并报梁子湖管委会,作为流域生态环境保护考核评价的依据。

第三十五条【重点排污信息的公开】

有关市环境保护管理部门应当依法公开本流域内向水体排放污染物的重点监控单

位名单。

重点排污单位应当如实向社会公开其主要污染物的名称、排放方式、排放浓度和总量、超标排放情况，以及防治污染设施的建设和运行情况，接受社会监督。

第三十六条【公众参与及其保障】

公民、法人和其他组织依法享有获取梁子湖流域生态环境信息、参与和监督流域生态环境保护的权利。

梁子湖管理局或者其他负有梁子湖流域生态环境保护监督管理职责的部门，应当依法及时向社会公开流域生态环境保护重要信息，完善公众参与程序，为公民、法人和其他组织参与和监督生态环境保护提供便利，接受社会监督。

第三十七条【举报制度】

公民、法人和其他组织发现任何单位和个人有污染流域环境和破坏生态行为的，有权进行监督、劝阻，有权向梁子湖管理局或者其他负有环境保护监督管理职责的部门举报。

接受举报的机关对检举情况经查证属实，作出处理的，按处罚金额10％—20％的标准对检举和协助查处违法行为的单位和个人给予奖励。

接受举报的机关应当对举报人的相关信息予以保密，保护举报人的合法权益。

第六章 法律责任

第三十八条【政府责任】

县级以上人民政府及其相关部门不履行本条例规定的职责，造成严重后果的，对直接负责的主管人员和其他直接责任人员依法给予行政处分；后果特别严重的，应当依法撤销职务。

县级以上人民政府及其相关部门的工作人员在梁子湖生态环境保护工作中玩忽职守、滥用职权、徇私舞弊的，由其所在单位或者上级主管机关依法给予行政处分。

梁子湖管理局在综合执法过程中，为环境违法行为提供便利及包庇，发现或者接到举报未及时查处和其他干扰综合执法工作的，对直接负责的主管人员和其他直接责任人员依法给予行政处分。

第三十九条【违反保护区内禁止性规定的责任】

违反本条例第二十九条之规定，在湖泊保护区实施本条例禁止性行为的，由梁子湖管理局，或县级以上人民政府相关行政主管部门责令改正，处二十万元以上五十万元以下罚款；拒不改正的，依法强制执行，所需费用由违法行为人承担。

拒不改正的，依法作出处罚决定的行政机关可以自责令改正之日的次日起，按照原处罚数额按日连续处罚。

罚款所得款项应当用于行为所造成生态破坏的治理。

第四十条【非法引入外来物种的责任】

违反本条例第三十二条之规定，非法引入外来物种的，由县级以上人民政府水行政主管部门责令改正、恢复原状或者采取其他补救措施,没收外来物种及其产品和违法所得,并处违法所得一倍以上三倍以下罚款;没有违法所得或者违法所得不足一万元的,处一万元以上五万元以下罚款;给他人造成损失的,依法承担赔偿责任。

第四十一条【信息公开的责任】

违反本条例第三十五条第二款之规定,重点排污单位未公开相关信息或公开信息弄虚作假的,由梁子湖管理局责令改正,并处二十万元以上五十万元以下罚款;

第四十二条【侵权责任】

因污染环境和破坏生态造成危害的,当事人应当及时排除危害,并对危害造成损害的单位或者个人赔偿损失。

第四十三条【其他法律责任】

违反其他法律法规,造成流域内生态环境危害及危险的,依法承担相应法律责任。

违反本条例规定,构成犯罪的,依法追究刑事责任。

第七章　附　　则

第四十四条【条例的生效】

本条例自　年　月　日起实施。

附　录

2013 年湖北省水资源可持续利用大事记

国家防总批复《2013年度长江
上游水库群联合调度方案》

2013年8月,国家防总正式批复《2013年度长江上游水库群联合调度方案》。国家防总要求长江防总、流域有关省市防指和有关发电集团公司认真落实方案确定的各项任务和措施,合理安排水库群的联合调度运用,确保防洪和供水安全,充分发挥水库群的综合效益。

2013年长江上游又有一批控制性水库建成并投入运用,需纳入联合调度范围,同时联合调度方案也需在实践中不断总结完善。为此,国家防办组织长委防办等单位在《2012年度长江上游水库群联合调度方案》的基础上,编制了《2013年度长江上游水库群联合调度方案》。

《2013年度长江上游水库群联合调度方案》主要包括纳入调度范围的水库、调度原则与目标、调度方案、调度权限、信息报送与共享、附则六部分内容,对纳入调度范围水库的洪水与水量调度原则、调度方式、调度权限及信息共享等进行了明确。与2012年调度方案相比,纳入2013年联合调度范围的水库由10座增加到17座。同时,结合最新的联合调度研究成果和2012年联合调度的运行经验,《2013年度长江上游水库群联合调度方案》增加了川江河段、嘉陵江中下游、乌江中下游、长江中下游水库群防洪联合调度方案和水库群蓄水联合调度方案,进一步明确了干支流水库群联合调度的目标要求和调度运用指标。

下一步,国家防总将根据工程变化、调度运用实际情况和流域防洪、抗旱、供水、发电、航运等方面的需求适时组织对方案进行修订。

水利部开展丹江口水库水行政执法工作

根据《水利部关于开展河湖专项执法检查活动的通知》（水政法〔2013〕93号）要求和水利部的统一安排，为强化丹江口水库水行政执法，2013年11月19日至20日，水利部政法司组织长江水利委员会、湖北省水利厅在丹江口水库开展水行政执法检查活动。

执法检查组听取了长江委、湖北省水利厅有关河湖专项执法检查情况的汇报，现场查看了丹江口库区河南省淅川县、湖北省十堰市境内部分社会各界关注的热点、重点涉水建设项目，对发现的问题提出了整改措施与整改要求，并对以往长江委联合两省水利厅执法检查中发现问题的整改落实情况进行了督办。

在进行现场检查时，执法检查组以水工程建设规划同意书、洪水影响评价、水土保持以及涉河建设项目审查等制度的落实情况为主要内容，现场查看了湖北省十堰市武当山太极湖新区市政桥闸工程（武当山特区太极湖新区市政工程）等六个建设项目，听取了项目建设（管理）单位的有关建设情况与整改落实情况汇报，并与当地人民政府及其水行政主管部门负责人进行了座谈。针对目前丹江口水库管理中出现各类问题，执法检查组指出，当地人民政府及其水行政主管部门一定要充分认识加强丹江口水库水行政管理、维护丹江口正常水事秩序的重要意义，认真处理好库区社会经济发展与丹江口水库水质保护、库容保护以及库周岸线保护的关系，严禁新建危害水质、非法侵占库容的各类建设项目，加大水行政执法力度，抓好整改落实工作，依法履责，严格执法，确保一库清水送京津。

《湖北省水污染防治条例》^①进入立法程序

2013年,通过广泛征集社会意见,湖北省人大常委会决定将《湖北省水污染防治条例》修订列入正式立法项目和全年重点工作计划。

湖北省委、省人大常委会、省人民政府高度重视水污染防治法规制定工作。湖北省政府法规处、省环保厅作为条例起草负责部门。条例起草采取了专家立法的模式,聘请武汉大学环境法研究所承担立法起草任务并完成初稿。相关部门负责法规草案的条文修改、规范。

在省人大的主导下,法规起草和审议修改过程中,立法部门通过书面征求意见、召开座谈会等形式,广泛听取了地方人大、政府及其环保有关部门、企业,以及专家学者和环保团体的意见建议。2013年9月,数易其稿后的《湖北省水污染防治条例(草案)》送审稿通过省政府常务会议,并交由省人大常委会审议。

2013年10月初,水防治污染法规(草案)经过省人大常委会一审后,在《湖北日报》、荆楚网公布,广泛征求社会各界意见。10月省人大带队先后赴环保厅、应城、潜江等实地调研考察河渠、污水处理设施;11月8日至11日组织与专家座谈;12月6日省人大常委会主任办公会讨论;12月10日省人大向全国人大法工委请教;12月中下旬再赴全省七市考察,听取地方人大意见。10月至12月期间,关于该法规草案,开展了18项调研座谈修改相关工作。据不完全统计,此次立法过程不仅有人大代表和60多名专家参与,省人大同时打开民主立法之门,吸引20多万公众参与,提供了上千条有建设性的建议。

草案将于2014年1月提交湖北省十二届人大二次会议进行审议表决。

---

① 《湖北省水污染防治条例》已于2004年1月22日经湖北省第十二届人民代表大会第二次会议通过,自2014年7月1日起施行。

《湖北省农村供水管理办法》施行

湖北省政府发布第 360 号政府令,公布《湖北省农村供水管理办法》,自 2013 年 9 月 1 日起施行。

《办法》共 7 章 49 条,包括总则、规划与建设、供水与用水、设施管理与维护、水源与水质、法律责任、附则等内容。

《办法》提出,农村供水工程是农村重要的公益性基础设施,是农村公共卫生体系的重要组成部分,各级人民政府应当在建设用地上优先安排,在工程用电上优行保障,按照国家和省有关规定执行优惠电价,依法免征水资源费,对工程建设、运行给予税收优惠,同时承担环境保护、卫生和水利等行政主管部门对供水水质的监测费用。

《办法》指出,农村供水工程采取政府投资、社会融资、群众筹资相结合的方式进行建设,鼓励单位和个人投资建设农村供水工程。农村供水工程按照谁投资谁所有的原则确定所有权,所有权人可以按照所有权与经营权分离的原则,确定经营模式和经营者,政府投资部分的收益用于农村供水工程的建设和管理。农村供水实行计量收费,可逐步推行基本水价和计量水价相结合的两部制水价。

《办法》规定,供水单位不得擅自歇业、停业,应当按照有关规定计提农村供水工程固定资产折旧费和大修费,对其管理的各类供水设施,应当定期检查维修,任何单位和个人不得阻挠和干扰供水设施抢修。县级以上人民政府应当加强对农村供水水源的保护和供水水质的监管,提升农村供水工程水质检测能力,切实保障农村供水安全。在法律责任方面,对违反《办法》规定给予相应处罚,构成犯罪的,依法追究刑事责任。

湖北省正式组建湖泊局

　　2013 年 4 月 22 日，湖北省水利厅召开会议宣布湖北省湖泊局正式组建，同时撤销厅湖库处，新组建的省湖泊局下设综合监管处和湖库工程处两个正处级处室。

　　湖泊局在原湖库处原有职能基础上增加了部分职责，增加部分主要是负责全省湖泊保护和综合管理；组织开展湖泊状况普查和信息发布、拟定湖泊保护规划及湖泊保护范围；编制与调整水功能区划分，组织、指导湖泊水质与水资源管理、防汛抗旱水利设施建设、涉湖工程建设项目的管理与监督、湖泊水生态修复、湖泊保护联系会议等日常工作。

　　这标志着湖北省湖泊保护又迈出一大步。

湖北省政府成立湖泊保护与管理领导小组

　　为进一步加强湖泊保护与管理工作,湖北省人民政府办公厅正式下发了《关于成立湖北省湖泊保护与管理领导小组的通知》(鄂政办发〔2013〕39号)。

　　湖北省湖泊保护与管理领导小组由省长王国生担任组长,副省长郭有明担任副组长,省政府副秘书长吕江文和省发改委、省公安厅、省财政厅、省人社厅、省国土资源厅、省环保厅、省住建厅、省交通运输厅、省水利厅、省农业厅、省林业厅、省旅游局等12个相关单位负责人为成员,湖泊保护与管理领导小组办公室设在省水利厅(省湖泊局),办公室主任由省水利厅厅长(省湖泊局局长)王忠法兼任,省水利厅副厅长史芳斌、省湖泊局专职副局长熊春茂任办公室副主任。

　　领导小组的主要职责是组织相关部门研究制定湖泊保护政策和办法,协调解决湖泊保护工作中的重大问题,对下一级人民政府湖泊保护工作进行年度目标考核,协调落实湖泊保护经费等。

环保厅建设、升级全省水质自动站联网管理系统

　　截至 2013 年底,我省共建成水质自动站 29 个,其中 16 个为新建站点。为完成水环境质量实时发布工作,环保厅组织力量建设了全省水质自动站联网管理系统,对 13 个已建站点的子站控制系统进行全面升级,兼容 16 个新站的子站系统,同时搭建起省级的联网管理系统平台,为各地市及托管站提供水站数据分析应用、质控、运维、考核等多项实用功能。另外,与空气质量实时发布系统一起建成了水、气一体化的实时发布系统,该系统的建成在国内尚属首次。此外,环保厅还安排专项资金对黄石、十堰、荆门、鄂州、黄冈、咸宁、随州、恩施、孝感等 9 个地市环境监测站地表水 109 项全分析能力进行了填平补齐。

湖北省第二批湖泊保护名录公布

2013 年 9 月 21 日湖北省政府办公厅发文公布了全省第二批湖泊保护名录（鄂政办发〔2013〕61 号）。名录共包括金鸡赛等 447 个湖泊，其中 0.067—1.00 平方公里以上非城中湖泊 446 个，城中湖泊 1 个。

省政府办公厅要求，各级地方人民政府要根据《湖北省湖泊保护条例》规定，组织对列入湖泊保护名录的湖泊分别制定湖泊保护详细规划，采取有力措施，切实加强湖泊资源保护，科学合理地开发、利用湖泊资源。各级水行政主管部门要认真履行职责，落实各项保护和管理措施。各级发展改革、公安、财政、国土资源、环保、住建（规划）、交通运输、农业（水产）、林业、旅游等有关行政主管部门按照各自职责做好湖泊保护工作。

湖北将实行最严格水资源管理制度

2013年8月湖北省政府印发了《关于实行最严格水资源管理制度的意见》(鄂政发〔2013〕30号),明确了到2030年,湖北省用水总量控制在368.91亿立方米以内,万元工业增加值用水量和农田灌溉水有效利用系数达到国家规定要求,主要污染物入河湖总量控制在水功能区纳污能力范围之内,水功能区水质达标率提高到95%以上。

《意见》规定,要严格水资源开发利用控制红线管理、用水效率控制红线管理、水功能区限制纳污红线管理。开发利用水资源,应当符合主体功能区的要求。建立省、市、县三级行政区域取用水总量控制指标体系,实施行政区域取用水总量控制。严格规范取水许可审批管理,对取用水总量已达到或超过控制指标的地区,暂停审批建设项目新增取水;对取用水总量接近控制指标的地区,限制审批建设项目新增取水。加强地下水动态监测,实行地下水取用水总量控制和水位控制。

《意见》要求,严格水功能区监督管理,对排污量超出水功能区限排总量的地区,限制审批新增取水和入河湖排污口。依法划定饮用水水源保护区,开展重要饮用水水源地安全保障达标建设。推进水生态系统保护与修复。

湖北省实施水利规划管理办法和规划同意书制度

为进一步规范湖北省省水利规划管理工作,加强水利规划对涉水事务的社会管理作用,2012 年 12 月 28 日,省水利厅正式印发《湖北省实施〈水利规划管理办法(试行)〉细则》(鄂水利规科函〔2012〕1232 号)和《湖北省实施〈水工程建设规划同意书制度管理办法(试行)〉细则》(鄂水利规科函〔2012〕1231 号),于 2013 年正式实施。

《湖北省实施〈水利规划管理办法(试行)〉细则》以水利部《水利规划管理办法(试行)》(水规计〔2010〕143 号)为基础,结合我厅水利规划管理职能分工和工作实际,着重对规划管理与实施的工作程序、职责分工和各环节的具体要求进行了细化。一是明确了水利规划分级管理和归口管理制度,理清了省、市、县水行政主管部门在水利规划管理工作中的职责和权限,明确了规划管理处室与其他业务处室在水利规划管理工作中的分工和协作关系。二是针对当前在部门预算使用前期工作经费的有关要求,明确了水利规划编制的任务立项、工作大纲等工作环节以及各阶段应具备的条件,提出了规划编制的技术要求及规划成果的质量要求。

《湖北省实施〈水工程建设规划同意书制度管理办法(试行)〉细则》以水利部印发的《水工程建设规划同意书制度管理办法(试行)》(水利部第 31 号令)、《由长江水利委员会负责审查并签署水工程建设规划同意书的河流(河段)湖泊名录和范围(试行)的通知》(水规计〔2010〕175 号)以及长江水利委员会和淮河水利委员会制定的实施细则为基础,细化了我省实施水工程建设规划同意书的分级负责权限、具体程序和要求,提出了省级签署规划同意书的河流湖库名录,对在江河、湖泊、水库上新建、扩建以及改建并调整原有功能的水工程,提出要符合流域综合规划和防洪规划。

水利规划是水利发展的龙头、基础和行动指南,今后是水利大规模建设的重要时期,我省需要组织开展大量的水利规划编制,加强水利规划的立项、编制、实施等过程的全方位管理,规范水工程建设行为,是十分必要的。以上两个实施细则印发后,省水利厅将加强水利规划的管理力度,完善水利规划体系,并结合水利行政审批制度改革,全面实施水工程建设规划同意书制度,进一步实现水利规划管理与实施的科学化和规范化。

湖北省水利厅、湖北省统计局发布
《湖北省第一次水利普查公报》

根据国务院决定,2010 年至 2012 年开展第一次全国水利普查,普查的标准时点为 2011 年 12 月 31 日,普查时期为 2011 年度。根据第一次全国水利普查领导小组办公室的部署,我省开展了第一次全国水利普查。普查主要内容包括河流湖泊基本情况、水利工程基本情况、经济社会用水情况、河流湖泊治理保护情况、水土保持情况、水利行业能力建设情况。

经过各地和有关部门及全体普查人员近三年的共同努力,第一次水利普查工作基本完成。经省政府批准,湖北省水利厅、湖北省统计局发布了《湖北省第一次水利普查公报》,主要成果公布如下:

一、河湖基本情况

河流。共有流域面积 50 平方公里及以上河流 1232 条(其中省界和跨省界河流 116 条),总长度为 4.00 万公里;流域面积 100 平方公里及以上河流 623 条(其中省界和跨省界河流 95 条),总长度为 2.89 万公里;流域面积 1000 平方公里及以上河流 61 条(其中省界和跨省界河流 26 条),总长度为 0.92 万公里;流域面积 10000 平方公里及以上河流 10 条(其中省界和跨省界河流 8 条),总长度为 0.32 万公里。**湖泊。**常年水面面积 1 平方公里及以上湖泊 224 个(其中跨省界湖泊 3 个),全部为淡水湖,水面总面积 2569 平方公里;常年水面面积 10 平方公里及以上湖泊 53 个(其中跨省界湖泊 3 个),水面总面积 2027 平方公里;常年水面面积 100 平方公里及以上湖泊 5 个(其中跨省界湖泊 1 个),水面总面积 836 平方公里。

二、水利工程基本情况

水库。共有水库 6459 座,总库容 1262.35 亿立方米。其中:已建水库 6442 座,总库容 1203.44 亿立方米;在建水库 17 座,总库容 58.91 亿立方米。

水电站。共有水电站 1839 座,装机容量 3690.63 万千瓦。其中:在规模以上水电站中,已建水电站 894 座,装机容量 3505.82 万千瓦;在建水电站 42 座,装机容量 165.64 万千瓦。

水闸。过闸流量 1 立方米每秒及以上水闸 22571 座,橡胶坝 58 座。其中:在规模以上水闸中,已建水闸 6752 座,在建水闸 18 座;分(泄)洪闸 645 座,引(进)水闸 1325 座,节制闸 2910 座,排(退)水闸 1890 座。

堤防。堤防总长度为 26284.66 公里。5 级及以上堤防长度为 17465.42 公里,其中:已建堤防长度为 17317.34 公里,在建堤防长度为 148.08 公里。

泵站。共有泵站 52311 座。其中:在规模以上泵站中,已建泵站 10210 座,在建泵站 35 座。

农村供水。共有农村供水工程 278.66 万处,其中:集中式供水工程 2.08 万处,分散式供水工程 276.58 万处。农村供水工程总受益人口 3475.09 万人,其中:集中式供水工程受益人口 2000.20 万人,分散式供水工程受益人口 1474.89 万人。

塘坝窖池。共有塘坝 83.81 万处,总容积 41.57 亿立方米;窖池 20.28 万处,总容积 841.24 万立方米。

灌溉面积。共有灌溉面积 4531.66 万亩。其中:耕地灌溉面积 4262.20 万亩,园林草地等非耕地灌溉面积 269.46 万亩。

灌区建设。共有设计灌溉面积 30 万亩及以上的灌区 40 处,灌溉面积 2096.34 万亩;设计灌溉面积 1 万亩(含)～30 万亩的灌区 517 处,灌溉面积 1633.49 万亩;50 亩(含)～1 万亩的灌区 13285 处,灌溉面积 559.88 万亩。

地下水取水井。共有地下水取水井 4118800 万眼,地下水取水量共 9.25 亿立方米。

地下水水源地。共有地下水水源地 5 处。

三、经济社会用水情况

经济社会年度用水量为 330.38 亿立方米,其中:**居民生活用水** 22.83 亿立方米,**农业用水** 200.63 亿立方米,**工业用水** 86.32 亿立方米,**建筑业用水** 0.95 亿立方米,**第三产业用水** 17.63 亿立方米,**生态环境用水** 2.02 亿立方米。

四、河湖开发治理情况

河湖取水口。共有河湖取水口 28352 个。

地表水水源地。共有地表水水源地 805 处。

治理保护河流。全省有防洪任务的河段长度为 20391.50 公里。其中,已治理河段总长度为 10552.59 公里,占有防洪任务河段总长度的 51.75%;在已治理河段中,治理达标河段长度为 2372.01 公里。

五、水土保持情况

土壤侵蚀。土壤侵蚀总面积 3.69 万平方公里,全部为水力侵蚀面积。按侵蚀强度分,轻度 2.07 万平方公里,中度 1.03 万平方公里,强烈 0.36 万平方公里,极强烈 0.16 万平方公里,剧烈 0.07 万平方公里。

水土保持措施面积。水土保持措施面积为 5.03 万平方公里,其中:工程措施面积 0.46 万平方公里,植物措施 4.48 万平方公里,其他措施 0.09 万平方公里。

六、水利行业能力建设情况

水利行政机关及其管理的企(事)业单位 2131 个,从业人员 8.36 万人,其中:大专及以上学历人员 3.64 万人,高中(中专)及以下学历人员 4.72 万人。

乡镇水利管理单位 853 位,从业人员 0.51 万人,其中:具有专业技术职称的人员为 0.29 万人。

此次水利普查结果为我省水资源管理与保护以及理论研究工作提供了重要的数据。

湖北省水利厅整改河道采砂、饮水安全问题

2013年11月,湖北省水利厅召开专题整改会议,针对省纠风办明察暗访和媒体问政中反映的河道采砂、饮水安全等方面的问题,研究整改措施,要求各相关处室、单位的负责人迅速认真调查,扎实整改,问责到人,立行立改,给群众一个满意答复。会后,4个调查组由分管领导带队,深入实地调查、督办、整改,分清责任问责追责。

孝昌非法采砂,相关责任人已被停职审查;浠水县政府全面停止巴河浠水段及浠水河河道采砂活动,并在重点禁采区设立警示标志,查处17条拼装铁砂船,对河道铁砂船只实施停电处理;对新洲区李集街腾榨村饮水安全工程项目进行调查,责成武汉市、新洲区水利部门与当地纪检监察部门联系,对项目法人、监理、施工等单位和人员进行了党纪政纪处理和行政处罚,拆除不合格水管重新安装,确保12月底前通水;罗田县凤山镇鸟雀林村采石场侵占林家冲水库,妨碍行洪安全,责令涉事采石场停业,清除了堆放在水库上游的碎石,恢复了水库原貌。

汉江流域加快实施最严格水资源
管理制度试点工作

2013年5月24日,长江委主持召开汉江流域加快实施最严格水资源管理制度试点领导小组第一次会议。自此,汉江试点工作正式启动。

会议旨在加强长江委与汉江流域各省(直辖市)水利厅(局)对汉江试点工作的组织领导,形成合力,共同推进汉江试点工作顺利开展,为试点成功保驾护航;会议审议了《汉江流域加快实施最严格水资源管理制度试点实施计划》,全面部署试点相关工作。实行最严格水资源管理制度,标志着我国的水资源管理进入了一个新的历史阶段,水利部批准汉江作为全国唯一的加快实施最严格水资源管理制度流域试点,对完善流域管理与区域管理相结合的水资源管理体制,探索流域实施最严格水资源管理制度的模式与方法具有十分重要的意义。长江委将举全委之力,在水利部的领导下,会同湖北、河南、陕西、重庆、四川、甘肃五省一市水行政主管部门,齐心协力,共同完成汉江流域加快实施最严格水资源管理制度试点工作。

根据水利部批复的《试点方案》,汉江试点按照制度先行、监控到位、重点突出、保障有力的原则,完成建立汉江流域水资源管理和保护的控制指标体系、加强水源地保护和生态建设、实施汉江水资源统一配置调度、建设流域水资源管理监控设施、建立运行协调有效的流域与区域相结合的流域管理工作制度、建立汉江流域水资源管理和保护的监督管理与评估制度等重要工作。

长江流域水生态文明城市建设试点实施方案审查启动会在汉召开

2013 年 12 月 23 日,长江委在武汉召开长江流域水生态文明城市建设试点实施方案审查启动会,研习水生态文明城市建设试点实施方案审查有关文件,领会审查工作要求,提出了长江流域水生态文明城市建设试点实施方案审查工作下一步计划和安排。

长江委副主任陈晓军主持会议并讲话。他指出,水生态文明建设是当前水利部工作的重中之重,长江委应按照全国水生态文明城市建设试点工作的总体安排,精心组织,扎实有序地推进长江流域水生态文明城市建设试点实施方案审查工作。他强调,试点方案是试点工作成败的关键,试点方案审查要充分发挥流域机构优势,从突出重点、抓住特色、因地制宜、城乡统筹、建章立制、注重传承等几个方面重点把握,努力做到认真、负责、客观、公正,高质、高效,为确保建成一批最严格水资源管理制度落实到位、水资源优化配置格局到位、防洪排涝体系建设到位、水生态环境保护措施到位、水生态文明理念宣传到位的水生态文明城市奠定基础。

湖北省湖泊水库工作会议召开

2013 年 7 月 30 日,湖北省湖泊水库工作会议在汉召开。此次会议是湖北省湖泊局组建后的第一次湖泊水库工作会议,会议总结前段工作,分析研究推进湖泊保护工作的举措,安排部署今后一段时间的湖泊水库工作。厅党组成员、副厅长史芳斌到会讲话,厅副巡视员易家庆主持会议并作总结讲话,省湖泊局专职副局长熊春茂作工作报告。

会议指出,湖泊数量减少、面积萎缩、生态恶化,形势十分严峻;湖库工程加固改造和管护体制改革任务繁重,作为湖泊保护主管部门,必须增强危机意识、机遇意识、攻坚意识,用"铁手腕、铁面孔、铁锤子",走群众路线、打一场湖泊保护的"人民战争",力求收到事半功倍的效果,依法把湖泊变少、变小、变臭的趋势扭转过来,向稳定数量、恢复面积、恢复生态的方向发展。

会议要求,要围绕"不减少一个湖泊、不萎缩一寸湖面"的根本目标,打好"不减不缩"的保卫战和持久战。在科学规划的基础上,采取依法保护、综合治理、生态修复的措施,通过 3—5 年时间,基本遏制湖泊面积萎缩、数量减少的局面,理顺湖泊保护管理体制、完善保护机构,健全工作机制。切实加强湖泊保护,维护湖泊健康生命,保障公益性功能不衰减,开发利用有控制,湖泊形态稳定,面积不减少。

李鸿忠强调"发挥水优势，做活水文章"

2013年8月，湖北省委书记李鸿忠主持召开座谈会，研究进一步加强丹江口库区生态环保工作、推动库区和汉江中下游地区转型跨越发展的对策措施。他提出，进一步抓好库底清理、生态环保、库区发展工作，确保一库清水永续北送。

李鸿忠说，建设南水北调工程，是党中央、国务院根据我国水资源地域分布不均现状，着眼于解决北方地区水资源严重短缺问题，促进全国经济社会全面协调可持续发展的一项重大决策。湖北省作为南水北调中线工程的源头、上游和第一环节，责任重大。

李鸿忠要求全省各地各部门从讲政治、顾大局的高度，增强责任感、使命感和紧迫感，自觉服从服务于南水北调工程建设大局，坚决按时保质保量完成党中央、国务院交付的各项任务。十堰市作为水源地和库坝区，要在前期工作的基础上，进一步抓好库底清理、生态环保、库区发展和移民致富工作，确保库区如期蓄水、顺利送水。

李鸿忠指出，南水北调这项世纪宏伟工程，使湖北与京津冀广大地区因水结缘、因水结亲、因水结友，架起了水源地和受水区密切交流、加强合作的桥梁。十堰市与京津冀地区人民同饮汉江水，有着更为直接、更为紧密的关系，要以此为契机，推动经济社会全面实现科学发展、跨越式发展。一方面要坚持自强自立，发扬自力更生、艰苦创业的精神，发挥主观能动性、积极性和创造性，增强自我发展能力，把确保一库清水永续北送作为倒逼机制，加快推动经济转型升级，为库区保持山清水秀提供长远保障；另一方面要深化改革开放，抢抓国务院今年3月批复《丹江口库区及上游地区对口协作工作方案》的机遇，以水为媒，加强衔接，在京津冀等受水区积极寻求交流合作之缘，凝聚要素资源，学习先进经验，增添发展活力与动力。

李鸿忠强调，水是湖北省的一大优势，汉江流域更是关系湖北经济发展全局的命脉之一。南水北调中线工程也为湖北省汉江中下游发展带来重大历史机遇，各有关部门和沿江各市县要抢抓机遇、乘势而上，加快汉江中下游综合开发，抓紧抓好相关配套工程建设，为汉江中下游地区又好又快发展提供可靠水资源保障和优良水生态环境，做足做活"水文章"，充分发挥水资源优势，把汉江流域打造成湖北经济社会发展新的增长带。

湖北省人大常委会就水污染防治立法问计于专家

2013 年 12 月 9 日上午,省人大常委会副主任王建鸣率队赴湖北经济学院,就《湖北省水污染防治条例(草案)》进行论证评估,征求专家意见。省政协副主席、湖北经济学院校长吕忠梅参加座谈。

湖北是水事大省,怎样使水污染防治条例务实、管用、好操作,来自湖北经济学院、华中科技大学、中南财经政法大学、江汉大学等高校的环境法学、管理学专家,围绕条例草案中关于排污许可规定、排污权交易制度规定、环保诚信档案规定、法律责任等的制度设计和立法理念,提出了具体的修改意见和建议。专家们认为,水资源丰富是我省最大的省情,通过立法对水污染防治进行规定十分必要。作为地方性法规,条例在制度设计上可先行先试。同时,在具体规定上,要与十八届三中全会精神相衔接、与上位立法相衔接、与湖北省既有政策和立法相衔接。

王建鸣指出,《湖北省水污染防治条例》即将提交省十二届人大二次会议审议表决,我们一定要认真研究、吸纳专家的意见和建议,对条例草案进行进一步的修改,不辜负省委的重托和人民的期盼。

王忠法强调水利要为长江经济带添砖加瓦

    2013 年 11 月 9 日,来自北京、上海、重庆,以及江苏、安徽、江西、湖北等地的官员、专家学者,利用周末休息时间,参加湖北日报传媒集团、湖北省社科院、长江技术经济学会联合举办的首届"长江经济支撑带合作论坛",共同学习习近平总书记重要讲话精神,共同研究依托长江黄金水道建设中国经济升级版新支撑带的重大战略规划,共同营造加快长江流域开放开发、促进合作共赢的发展环境。副省长许克振,省老领导、长江技术经济学会副理事长刘友凡出席论坛。

    省水利厅厅长王忠法作为特邀嘉宾,在论坛上强调水利要为长江经济带添砖加瓦。王忠法强调,作为省政府的一个组成部分,水利部门要为长江经济支撑带建设添砖加瓦,提供基础性服务。第一,防汛是"天大的事",要做好防洪安全工作,提高安全防洪标准和保障,最大限度减少群众生命财产损失,提升人民的幸福指数。第二,提高灌溉标准,保障农业生产综合能力。第三,搞好岸线利用规划,提高岸线使用效率。第四,搞好水库、湖泊的调度,提高水环境承载能力,为经济发展提供进一步发展的空间。第五,搞好河道整治,加强采砂管理,为长江航道安全提供服务。第六,搞好水土保持,加强水资源三条红线管理,提高水资源承载能力和利用效率。

五集体六个人获首届湖北省环境保护政府奖

2013年6月5日,首届湖北省环境保护政府奖在汉颁奖,五个集体和六位个人获奖。

首届湖北省环保政府奖评选期间,社会各界踊跃申报,共送交集体申报材料48份、个人申报材料41份。经过多轮评选,最终产生五个环保先进集体,分别是谷城县五山镇堰河村村民委员会、湖北水事研究中心、省野生动植物保护总站、天门市岳口镇健康村村民委员会、神农架国家级自然保护区管理局。此外,陈学文、运建立、柯志强、高宝燕、张华、华黄河六人获个人奖。

会上,还为2013年度"湖北绿色环保少年""湖北青年环境友好使者"代表颁发了荣誉证书,环保志愿者代表宣读了携手共建美丽家园倡议书。